한 권으로 읽는 과학 노벨상

身の回りにあるノーベル賞がよくわかる本

(Mi no Mawari ni Aru Nobelsho ga Yoku Wakaru Hon : 7575-1)

ⓒ 2022 Kakimochi

Original Japanese edition published by SHOEISHA Co.,Ltd.

Korean translation copyright ⓒ 2023 by THAEHAKSA CO.,LTD.

Korean translation rights arranged with SHOEISHA Co.,Ltd.
in care of TUTTLE-MORI AGENCY, INC. through Duran Kim Agency.

한 권으로 읽는 과학 노벨상

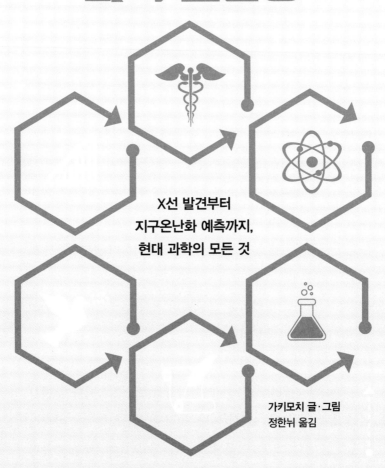

X선 발견부터
지구온난화 예측까지,
현대 과학의 모든 것

가키모치 글·그림
정한뉘 옮김

주니어태학

프롤로그

이 책을 펼친 여러분께 먼저 감사 인사를 드립니다. 책을 쓴 가키모치입니다. 《한 권으로 읽는 과학 노벨상》은 여러분이 노벨상과 친해지기를 바라는 마음으로, 그동안 제가 연구한 내용을 일러스트와 함께 담은 책입니다.

본문에 들어가기에 앞서 노벨상이 무엇인지부터 설명해볼까요. 노벨상은 인류에게 가장 크게 공헌한 발명·발견을 한 사람에게 수여하는 세계적인 상입니다. 스웨덴의 화학자 알프레드 노벨의 유언으로 1901년에 창설되었지요.

노벨상에는 여러 부문이 있는데, 이 책에서는 자연과학과 깊이 관련된 생리학·의학상, 물리학상, 화학상을 소개했습니다. 노벨상은 분야별로 수상자를 선정합니다. 물리학상과 화학상 수상자는 스웨덴 왕립 과학 아카데미에서, 생리학·의학상 수상자는 카롤린스카 의학 연구소에서 선정합니다.

선정 기관은 전 세계의 연구자들과 역대 노벨상 수상자들에게

추천을 받아 노벨상에 적합한 후보를 발굴합니다. 그리고 각 선정 기관의 협의를 거쳐 수상자를 결정하지요. 그렇게 뽑힌 수상자와 연구 성과 중 특히 유명한 연구와 제가 여러분께 소개하고 싶은 연구를 책에 담았습니다.

이 책은 총 5장으로 구성되어 있으며, 처음부터 순서대로 읽지 않아도 됩니다. 1장에서는 노벨 생리학·의학상을, 2장에서는 노벨 물리학상을, 3장에서는 노벨 화학상을 받은 연구를 소개합니다. 4장에서는 노벨상이 창설되기 이전에 발명·발견된 주요 연구를 살펴보고, 5장에서는 미래에 노벨상을 받을지도 모르는 연구를 알아봅니다.

노벨상은 인류의 삶에 크게 이바지한 발명·발견에 주어지는 상입니다. 다시 말해 노벨상을 받은 연구는 이미 우리의 일상에서 큰 부분을 차지하고 있다고도 할 수 있습니다. 이 책에서는 과학자들의 업적과 우리 사회 및 일상을 잇는 연결 고리를 최대한 많이 발견하려고 노력했습니다.

《한 권으로 읽는 과학 노벨상》이 노벨상을 받은 연구와 우리의 생활을 연결하는 다리와도 같은 책이 되기를 바랍니다. 연구의 해설과 함께 귀여운 고양이 캐릭터들도 여기저기에 등장한답니다. 책을 읽을 때 함께 찾아보며 즐거움을 느낀다면 저로서는 더할 나위 없이 기쁠 것 같습니다. 그럼 부디 즐거운 시간이 되길 바랍니다.

2022년 9월 가키모치

차례

 1장 노벨 생리학·의학상

2장 노벨 물리학상

3장 노벨 화학상

4장 역사를 바꾼 대발견

5장 미래의 노벨상

이 책을 읽는 법

카밀로 골지
Camillo Golgi
①─ 1843~1926
②─ 이탈리아

산티아고 라몬 이 카할
Santiago Ramón y Cajal
1852~1934
스페인

✏️ | 연구 및 개요

골지 염색법, 뉴런설을 바탕으로 중추신경의 구조 규명 | 1906 | 기초 | ④
③
신경 세포를 약품으로 고정해 까맣게 염색하는 골지 염색법을 확립하여 중추신경을 볼 수 있게 만들었다. 뉴런이라는 신경 세포가 연결된 형태로 중추신경이 이루어졌다는 뉴런설을 실험에 앞서 주장하여 신경계를 이해할 수 있도록 이끌었다.

① 연구자의 출생·사망 연도

② 1~3장은 주로 연구자의 노벨상 수상 당시 국적을, 4장은 연구자의 출신지 또는 국적을 기재

③ 1~3장은 노벨상 수상 연도를, 4장은 소개할 내용이 발표된 연도 또는 기술이 확립된 연도를 기재

④ 기초 ― 진리 추구를 목적으로 한 연구

응용 ― 약물 또는 기기 개발이 뒤따르는, 비교적 실용적인 연구

기술 ― 연구를 뒷받침하는 기술에 관한 연구

하양이

- 과학에 조금 흥미가 생긴 고양이
- 주변 사물에 흥미를 느껴 인간과 똑같이 살고 있다

까망이

- 과학을 매우 좋아하며 신출귀몰하는 고양이

삼색이

- 과학에 박식한 고양이

1장

노벨
생리학·의학상

생리학과 의학은

생명 활동의 원리와 질병의 메커니즘을 밝혀

생물을 더 깊이 이해하고 건강한 생활을 지키는 것을

목표로 하는 학문입니다.

노벨상 수상자들은 어떻게 생명을 연구했고

어떤 발견을 했을까요?

신경은 하나의 세포일까, 여러 세포의 모임일까?

🏆 | 수상자

카밀로 골지
Camillo Golgi
1843~1926
이탈리아

산티아고 라몬 이 카할
Santiago Ramón y Cajal
1852~1934
스페인

✏️ | 연구 및 개요

골지 염색법, 뉴런설을 바탕으로 중추신경의 구조 규명 | 1906 | 기초 |

신경 세포를 약품으로 고정해 까맣게 염색하는 골지 염색법을 확립하여 중추신경을 볼 수 있게 만들었다. 뉴런이라는 신경 세포가 연결된 형태로 중추신경이 이루어졌다는 뉴런설을 실험에 앞서 주장하여, 신경계를 이해할 수 있도록 이끌었다.

우리 몸의 중추신경은 어떻게 생겼을까?

우리 몸은 전기 신호를 통해 뇌와 척수로부터 명령을 받아 움직입니다. 전기 신호가 흐르는 길을 '신경'이라고 하며, 신경들이 모여 다른 신경을 제어·조절하는 신경을 '중추신경'이라고 합니다.

1873년, 카밀로 골지는 약품으로 신경 세포를 염색하는 골지 염색법을 발표했습니다. 산티아고 라몬 이 카할은 이 골지 염색법

중추신경
신경들의 리더

척추동물의 중추신경은 뇌와 척수

골지 염색법
중추신경을 염색하면

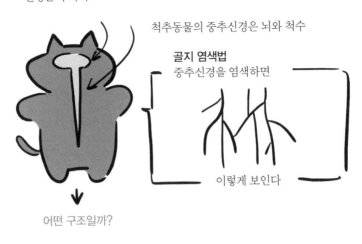

이렇게 보인다

어떤 구조일까?

골지의 가설

신경 그물설

1개의
큰 덩어리

중추신경은 하나의 세포로
이루어진 네트워크다

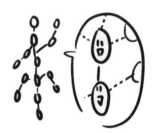

카할의 가설

뉴런설

구슬을 꿴 것처럼
뉴런이 연결되어 있다

실제로는 뉴런설이 맞았네.
공동으로 상을 받았지만 의견은 달랐구나.

중추신경 관찰을 가능하게 한 골지 염색법

을 연구에 활용했고, 중추신경이 뉴런Neuron이라는 세포가 연결된 형태로 이루어져 있다는 뉴런설을 발표했습니다. 이후 뉴런설은 뇌과학과 의학에서 정설로 자리 잡으면서 신경계 연구의 기초가 되었습니다.

눈에 보이지 않는 세포까지 볼 수 있다면

16세기에 안드레아스 베살리우스Andreas Vesalius(1514~1564)라는 의사가 인체 해부를 주제로 책을 펴냈습니다. 몸을 해부하면 근육과 장기처럼 커다란 부분은 눈으로 볼 수 있었지만, 당시 사람들은 신경 세포의 구조까지는 알지 못했어요.

골지 염색법이란 무엇일까?

신경 세포는 주위 세포와 색이 비슷해서 그냥 보면 관찰하기 어렵습니다. 제대로 관찰하려면 염색을 해야 했는데요. 1873년에 골지는 대표적인 세포 염색법인 골지 염색법을 발표했습니다.

골지 염색법의 순서는 다음과 같습니다. 일단 사산화오스뮴(O_sO_4)과 다이크로뮴산포타슘($K_2Cr_2O_7$)이라는 약품에 세포를 담가 세포가 변하지 않도록 고정시킵니다. 그리고 질산은($AgNO_3$) 수용액에 세포를 담그면 신경 세포가 까맣게 염색됩니다. 이 염색법 덕분에 신경 세포로 이루어진 조직을 눈으로 볼 수 있게 되었습니다.

우리 몸의 신경계를 구성하는 뉴런 세포

카할은 중추신경이 뉴런이라는 세포가 연결된 형태라고 생각했습니다. 이를 뉴런설이라고 합니다. 이후 1930년대[1]에 전자 현미경이 발명되어 뉴런의 형태를 확인할 수 있게 되면서 카할의 가설이 실제로 증명되었습니다.

중추신경은 생물의 몸을 움직이는 굉장히 중요한 신경입니다. 골지와 카할, 두 사람의 연구 덕분에 중추신경의 구조가 밝혀졌지요. 의학·생리학 분야에서 마취와 수면을 비롯한 각종 연구 주제를 설명할 때 신경계의 형태와 뉴런에 관한 지식은 반드시 알아야할 상식이 되었습니다.

마취	수면	인공지능

뉴런 표면의 단백질에 주목한다	자는 동안 뇌가 깨어 있는 현상을 연구한다	뉴런을 흉내 낸 모델을 구축한다

뉴런을 바탕으로 한 다양한 연구 분야

 정리

골지는 신경 세포를 염색하여 관찰하는 골지 염색법을, 카할은 중추신경의 구조를 예상한 뉴런설을 발표하여 중추신경의 구조를 밝혔다. 두 사람의 발견은 의학과 생리학의 주춧돌이 되었다.

몸을 가르지 않고 심장의 상태를 확인하려면?

🏆 | 수상자

빌럼 에인트호번
Willem Einthoven
1860~1927
네덜란드

✏️ | 연구 및 개요

심전도와 심전계 개발 | 1924 | 기술 |

심장이 뛸 때 발생하는 전기를 측정하는 초창기 심전계를 대폭 개량했다. 이때부터 심장의 상태를 일정 수준 측정하는 실용적인 심전계로 보다 상세한 심전도를 기록할 수 있게 되었다. 또한 심전도와 심장의 관계를 분석하여 발표함으로써 심전도를 현장에서 활용하는 시기를 앞당겼다.

심장의 상태를 그래프로 볼 수 있다고?

심장은 혈액을 온몸으로 내보내는 펌프 역할을 하는 중요한 장기입니다. 오늘날에는 심장의 상태를 확인하기 위해 심전계를 사용합니다. 심장이 박동할 때마다 수 밀리볼트(mV)의 전압이 발생하는데, 이를 측정하여 심전도라는 그래프로 나타내는 장치가 심전계입니다. 학교나 직장에서 건강 검진을 할 때도 쓰이지요.

이 심전계를 개발한 인물이자 근대 심전계의 아버지로 불리는

심전계

데이터를
확인하는 모니터

전용 장치를
붙인다

심전도를 보고 심장의
움직임을 분석한다

1903년 단선 검류계 개발

식염수

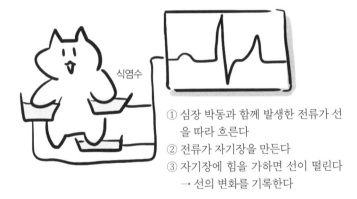

① 심장 박동과 함께 발생한 전류가 선을 따라 흐른다
② 전류가 자기장을 만든다
③ 자기장에 힘을 가하면 선이 떨린다
→ 선의 변화를 기록한다

1906년 심전도와 심장의 관계 연구

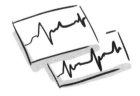

심장에 이상이 생겼을 때 특징적으로
나타나는 심전도를 알아냈다

심장에서 발생하는 전기를 감지해서 그래프로 보여주는 심전도

인물이 바로 빌럼 에인트호번입니다. 1842년에 발명된 심전계를 개량해서 감도를 높였지요. 1906년에는 심전계로 기록한 심전도와 심장 질환의 관계를 분석해서, 의료 현장에서 심전도를 활용할 수 있도록 기초를 다졌습니다.

심전계의 개발과 원리

1842년, 최초의 심전계가 개발되었습니다. 하지만 의료 현장에서 쓸 수 있을 만큼 정밀도가 높지 않았고, 심전도를 측정할 때 발생하는 노이즈도 보정할 수 없었습니다. 1903년, 에인트호번은 최초의 심전계를 개량해서 더 정밀해진 심전계를 발명했습니다.

이 심전계는 전자석 사이에 석영으로 만든 가느다란 선을 매달아 연결한, 이른바 '단선 검류계'라는 기계였습니다. 선에 전류가 흐르면 전류와 함께 발생하는 자기장의 영향으로 선의 형태가 변하기 때문에, 심장이 운동하면서 발생하는 전류를 선의 움직임으로 알 수 있습니다. 이를 그래프로 나타낸 것이 심전도입니다.

에인트호번이 발명한 초기의 심전계는 강력한 전자석이 들어 있던 탓에 무게가 270킬로그램이나 되었고 조작할 때 다섯 명이나 필요했습니다.[2] 이후 경량화를 거듭하면서 20세기 중반에는 수 킬로그램까지 가벼워졌고 혼자서 조작할 수 있게 되었습니다.

1906년에는 사람에게 공통으로 나타나는 일반적인 심전도가 있다는 사실을 발견했습니다. 이를 근거로 심전도와 심장의 관계를 분석하기 시작했고, 의료 현장에서 조금씩 심전도를 활용할 수 있게 되었습니다.

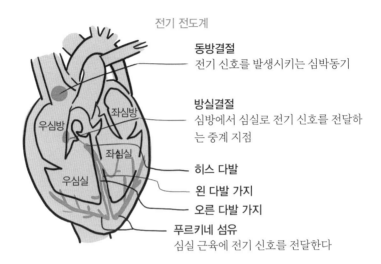

전기 전도계

동방결절
전기 신호를 발생시키는 심박동기

방실결절
심방에서 심실로 전기 신호를 전달하는 중계 지점

히스 다발
왼 다발 가지
오른 다발 가지
푸르키네 섬유
심실 근육에 전기 신호를 전달한다

우심방   좌심방   좌심실   우심실

심장 안에서 자극을 전달하는 전기 전도계

💡 **더 알고 싶어요!**

심전도와 심장의 관계를 밝혀낸 의사

에인트호번이 심전계를 발명해서 심전도가 실용화된 이후, 다와라 스나오田原淳(1873~1952)가 심전도 연구를 이어갔습니다. 다와라는 심장 안에서 전기 자극을 전달하는 전기 전도계Cardiac conduction system라는 구조를 발견해서 심전도의 각 부분이 심장의 어느 부위에 해당하는지 밝혀냈습니다. 심전도의 의학적인 의미가 밝혀지면서 심전도의 활용 역시 한 단계 발전했습니다.

환자의 몸에 부담이 적은 심전도 검사

심전계를 이용하면 몸을 가르지 않고도 심장의 상태를 확인할 수 있습니다. 에인트호번 덕에 크게 발전한 심전도는 의료 현장과 의학 분야에서 세계적으로 널리 쓰이면서 우리의 건강을 지키고 있습니다.

정리

에인트호번은 고성능 심전계를 개발하여 심장 질환을 진단할 때 심전도를 활용하는 길을 열었다. 심전계는 의료 현장에서 수술하지 않고도 심장을 검사하는 기계로 크게 활약하고 있다.

100년 전에는 혈액형 성격설이 없었다고?

🏆 | 수상자

카를 란트슈타이너
Karl Landsteiner
1868~1943
오스트리아

✏️ | 연구 및 개요

ABO식 혈액형 발견 | 1930 | 기초 |

사람의 혈액을 페트리 접시에 놓고 섞었을 때 어떻게 조합하느냐에 따라 혈구가 응집하는 현상을 발견했다. 그리고 응집 여부에 주목하여 혈액을 세 종류로 분류하는 ABO식 혈액형을 발견했다. 이로써 혈구가 응집하는 부작용을 미리 방지할 수 있게 되어 수혈의 안전성을 높였다.

생명을 유지하는 피를 안전하게 주입하려면

믿는지 안 믿는지는 둘째 치더라도, 여러분 중에도 혈액형 점을 모르는 사람은 별로 없을 것 같은데요. 일본에서 유행하던 혈액형 점은 1927년에 생겼습니다. 그전에는 혈액형의 정체조차 제대로 알려지지 않았지요.

1900년, 카를 란트슈타이너가 혈액형을 발견했습니다. 사람의 혈액을 섞으면 혈액이 굳을 때도 있다는 현상에 주목한 란트슈타

1900년 상성에 따라 혈액이 세 종류로 나뉜다는 사실을 발견

섞어도 굳지 않는다

섞으면 굳는다

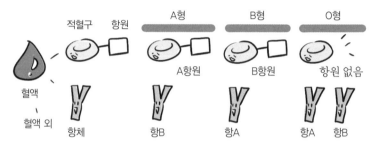

항원과 항체가 각각 다른 A·B·O형

항A 항체는 A항원을, 항B 항체는 B항원을 공격한다

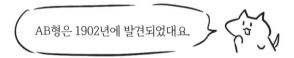

AB형은 1902년에 발견되었대요.

		수혈받는 사람의 혈액형			
		A	B	O	AB
수혈하는 사람의 혈액형	A	○	×	×	○
	B	×	○	×	○
	O	○	○	○	○
	AB	×	×	×	○

○ - 혈액이 굳지 않는다 × - 혈액이 굳는다

혈액형의 발견

이너는 혈액이 굳는 조합과 굳지 않는 조합을 분석했고, A·B·O라는 세 종류의 혈액형을 발견했습니다. 그리고 각각의 혈액형은 혈액 속에 들어 있는 적혈구와 항체의 종류에 따라 결정된다는 사실도 밝혀냈습니다.[3]

한때 수혈은 금지되었다

혈액형이 발견된 계기는 수혈 때문입니다. 17세기에 수혈이 도입되면서 피치 못할 경우 사람이 아닌 양의 혈액을 수혈하기도 했습니다. 하지만 심각한 부작용을 일으킨 사례가 늘어나면서 수혈이 금지되었지요. 그래서 안전하고 부작용 없이 수혈하기 위한 지식이 필요해졌습니다.

ABO식 혈액형의 발견

페트리 접시에 혈액을 떨어뜨리고 그 위에 다른 혈액을 떨어뜨리면 굳을 때도 있는데요. 란트슈타이너는 이 현상에 주목했고, 혈액이 굳는 조합과 굳지 않는 조합이 있다는 사실을 발견했습니다. 그리고 분석을 통해 혈액에 A형, B형, C형이라는 세 종류가 있다는 사실을 알아냈습니다. C형은 나중에 O형으로 이름이 바뀌었습니다. 1902년에는 알프레트 폰 데카스텔로Alfred von Decastello와 아드리아노 스툴리Adriano Sturli가 AB형을 발견했습니다.

혈액이 굳는 이유는 혈액 속에 들어 있는 적혈구의 항체가 항원을 공격하기 때문입니다. 적혈구 표면에는 항원이라는 표지가 붙어 있는데, A항원은 항A 항체와, B항원은 항B 항체와 반응합니다.

다양한 혈액형의 발견

ABO식 혈액형이 발견된 이후 다른 혈액형도 발견되었습니다. 백혈구의 혈액형인 HLA, 혈소판의 혈액형인 HPA는 현재 부작용이 적은 수혈에 활용하고 있습니다.

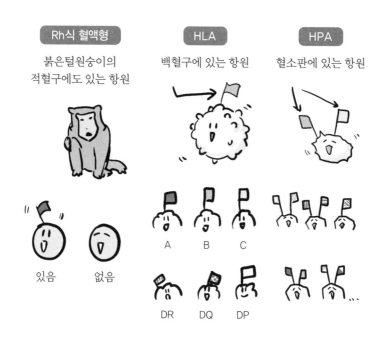

나중에 발견된 다양한 혈액형들

안전한 수혈을 위해 필수적인 혈액형 연구

수혈할 피의 혈액형과 수혈받을 사람의 혈액형을 파악해 피가 굳지 않는 안전한 조합을 만들면 수혈의 부작용을 예방할 수 있습니다. 란트 슈타이너가 길을 연 혈액형 연구는 수혈의 안전성을 높였습니다.

정리

1900년 란트슈타이너가 혈액이 굳는 현상에 주목하여 혈액형을 발견한 덕에 수혈할 때 안전한 혈액 조합을 검토할 수 있게 되었다.

페니실린 발견

세계 최초의 항생물질!
푸른곰팡이가 수억 명의 목숨을 구했다고?

🏆 | 수상자

알렉산더 플레밍
Alexander Fleming
1881~1955
영국

하워드 플로리
Howard Walter Florey
1898~1968
오스트레일리아

언스트 체인
Ernst Boris Chain
1906~1979
영국

✏️ | 연구 및 개요

페니실린 및 감염병에 저항하는 페니실린의 효과 발견 | 1945 | 응용 |

황색포도상구균을 배양하는 페트리 접시에 들어온 푸른곰팡이를 관찰했다. 푸른
곰팡이 주변의 황색포도상구균만 자라지 않은 현상을 보고 세계 최초의 항생물질
인 페니실린을 발견했다. 이후 페니실린 성분을 분리하는 데 성공하여 대량생산의
길을 열었다.

세균을 죽이는 약, 항생물질

피부과나 내과에서 진찰받으면 의사 선생님이 항생제를 처방해줄

황색포도상구균을 배양하던 중 들어온 푸른곰팡이

푸른곰팡이

들어가서 같이 자라야지~

황색포도상구균 배양용 페트리 접시

제대로 못 자라겠어.

황색포도상구균

푸른곰팡이가 분비한 물질에서 페니실린 발견

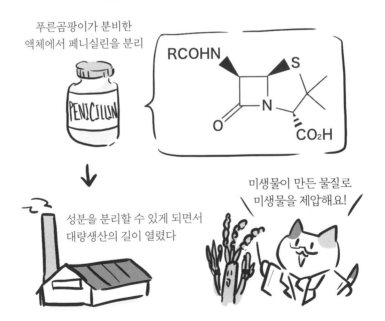

푸른곰팡이가 분비한 액체에서 페니실린을 분리

성분을 분리할 수 있게 되면서 대량생산의 길이 열렸다

미생물이 만든 물질로 미생물을 제압해요!

실험 중 우연히 발견된 페니실린

때가 있는데요. 항생제의 재료인 항생물질은 미생물의 성장과 생명 활동을 억제하는 물질입니다. 급성 중이염처럼 세균 때문에 걸리는 질병[4]에 쓰이지요.

항생물질은 1928년에 발견되었습니다. 실험 중 푸른곰팡이가 황색포도상구균을 물리치는 물질을 분비한다는 사실을 발견한 알렉산더 플레밍은 이 물질에 페니실린Penicillin이라는 이름을 붙였습니다. 1940년에 언스트 체인과 하워드 플로리가 순수한 페니실린을 분리하는 데 성공하면서 페니실린을 대량생산할 수 있게 되었고, 이때부터 페니실린은 항생물질로 널리 쓰이게 되었답니다.

인류의 생존을 위한 감염증 연구

인류에게 세균이 퍼뜨리는 감염증은 크나큰 위협이었어요. 17세기에는 런던에서 일곱 명 중 한 명꼴로 약 7만 명이 죽었을 정도였지요. 하지만 세균을 죽이는 약이 있으면 이렇게 무시무시한 감염증에도 대항할 수 있습니다.

우연히 발견된 페니실린

어느 날 플레밍은 황색포도상구균을 배양한 페트리 접시에 푸른곰팡이가 들어간 것을 발견했어요. 이 페트리 접시를 관찰해보니 푸른곰팡이 주변에만 황색포도상구균이 제대로 자라지 않았습니

다. 이로써 플레밍은 푸른곰팡이가 황색포도상구균의 성장을 억제하는 물질을 만들어낸다는 사실을 알아냈지요.[5]

이 물질에 주목한 플레밍은 푸른곰팡이를 배양한 액체에서 균을 죽이는 물질을 발견했습니다. 그리고 이 물질에 페니실린이라는 이름을 붙였습니다. 세계 최초의 항생물질은 세균에서 탄생한 셈이지요. 시간이 흘러 페니실린이 디프테리아와 장내구균 감염증[6]처럼 세균이 퍼뜨리는 감염증을 치료하는 데 굉장히 효과적이라는 사실이 밝혀졌습니다. 하지만 페니실린 성분만 따로 추출하기가 매우 까다로웠던 탓에, 이 세기의 발견도 사람들의 주목을 받지 못한 채 시간이 흘렀답니다.

페니실린이 널리 쓰이기까지

12년이 지난 1940년에 체인과 플로리가 마침내 순수한 페니실린 성분을 분리하는 데 성공했습니다. 대량생산할 수 있게 된 페니실린은 항생물질로 널리 쓰이게 되었습니다. 이를 '페니실린의 재발견'이라고 합니다.

현재 주로 쓰이는 페니실린은 약과 주사, 두 종류입니다. 오늘날에도 우리의 건강을 지키기 위해 감염증 치료에 널리 쓰이고 있지요. 그리고 세계 여러 나라에서 항생물질에 내성을 지닌 세균이 나타나는 문제에 대한 대책도 함께 세우는 중이랍니다.

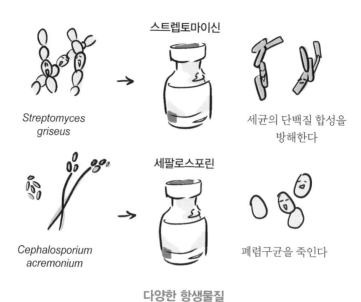

스트렙토마이신

Streptomyces griseus

세균의 단백질 합성을
방해한다

세팔로스포린

Cephalosporium acremonium

폐렴구균을 죽인다

다양한 항생물질

정리

세계 최초의 항생물질인 페니실린은 황색포도상구균을 배양하던 페트리 접시에서 우연히 발견되었다. 이후 순수한 성분을 정제하여 대량생산할 수 있게 되면서 세균이 퍼뜨리는 감염증 치료에 널리 쓰이게 되었다.

생명의 설계도는 어떤 형태일까?

🏆 | 수상자

프랜시스 크릭
Francis Harry Compton Crick
1916~2004
영국

모리스 윌킨스
Maurice Hugh Frederick Wilkins
1916~2004
영국

제임스 왓슨
James Dewey Watson
1928~
미국

✏️ | 연구 및 개요

핵산의 분자 구조와 생체 내 정보 전달의 원리 발견 | 1962 | 기초 |

이전 연구에서 밝힌 핵산의 성분 분석 결과와 X선으로 새로 촬영한 영상을 근거로 세포에 들어 있는 핵산(데옥시리보스 핵산, DNA)의 구조가 이중 나선이라는 설을 주장했다. 세포 분열에 없어서는 안 될 DNA의 복제를 설명할 때도 이 구조가 바탕이 되었다.

유전자의 정체를 밝혀라!

오늘날 생물의 유전 정보가 DNA라는 물질에 들어 있다는 사실은

❶ DNA의 성분 분석　　　**❷ X선 사진**

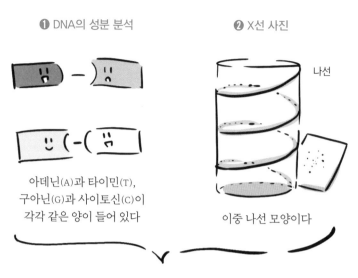

아데닌(A)과 타이민(T),
구아닌(G)과 사이토신(C)이
각각 같은 양이 들어 있다

나선

이중 나선 모양이다

DNA가 이중 나선을 그릴 것으로 예측

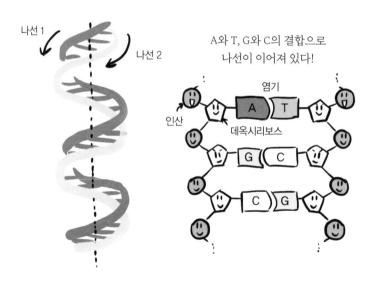

나선 1

나선 2

A와 T, G와 C의 결합으로
나선이 이어져 있다!

염기

인산

A　T

데옥시리보스

G　C

C　G

이중 나선 모양으로 되어 있는 DNA 구조

유명하지요. 19세기에 그레고어 멘델Gregor Johann Mendel이라는 과학자가 완두콩의 색과 모양 같은 특징이 여러 세대에 걸쳐 내려온다는 사실을 알아냈지만, 색과 모양을 결정하는 생명의 설계도에 해당하는 물질이 어떻게 생겼는지는 여전히 수수께끼였습니다.

1953년, 제임스 왓슨과 프랜시스 크릭은 DNA 성분 분석 결과와 모리스 윌킨스가 촬영한 X선을 토대로 DNA의 구조가 이중 나선이라는 가설을 세웠습니다. 이 가설은 약 5년 뒤에 실험을 통해 증명되었습니다.

DNA가 이중 나선 구조라는 가설의 증명

DNA는 당, 인산, 염기라는 세 가지 요소로 이루어져 있습니다. 염기는 아데닌, 구아닌, 사이토신, 타이민, 네 종류이고 DNA를 구성하는 염기 분자 쌍의 수는 같다는 사실이 밝혀졌습니다.[7]

생명의 설계도가 밝혀지다

윌킨스와 공동 연구하던 로절린드 프랭클린Rosalind Elsie Franklin (1922~1958)이 촬영한 X선 사진 덕에 DNA가 나선 구조라는 사실을 알게 되었습니다. DNA의 염기 분자 쌍의 수가 같다는 사실과 DNA의 나선 구조 사진을 조합한 왓슨과 크릭은 DNA의 구조가 왼쪽 그림처럼 이중 나선 모양일 것이라는 가설을 세웠습니다.

이 가설이 맞으면 세포가 분열하여 증식할 때 유전자를 복제한 원리도 설명할 수 있었기 때문에, 유전자의 정체가 DNA라는 주장은 널리 퍼졌습니다. 약 5년 후, DNA가 유전자를 복제할 때 이중 나선 구조를 이용한다는 사실이 실험을 통해 확인되었습니다.

유전학 그리고 분자생물학의 발전

DNA의 분자 구조가 밝혀지면서 세포가 분열할 때 유전 정보를 복제하는 원리도 설명할 수 있게 되었습니다. 그리고 생물을 관찰했을 때 보이는 현상을 분자 단위에서 연구하는 '분자생물학'이라는 분야도 발전했습니다.[8]

💡 더 알고 싶어요!

숨은 공로자, 로절린드 프랭클린

DNA 구조의 발견에 빠져서는 안 될 영국의 과학자가 있습니다. 바로 로절린드 프랭클린입니다. DNA가 이중 나선 구조라는 사실을 뒷받침하는 중요한 증거를 찾았지만, 상을 받기 전에 병으로 쓰러져 죽고 말았지요.

프랭클린이 사용한 방법은 X선이었습니다. DNA로 이루어진 섬유를 결정화하여 X선을 비춘 사진(회절 사진)을 촬영했습니다.[9] 51번 사진이라고도 하는 이 사진은 세상에서 가장 중요한 회절 사진으로 불린답니다.

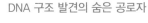

DNA 구조 발견의 숨은 공로자

중요한 사진을 찍었지만 노벨상은 받지 못했어요.

로절린드 프랭클린

DNA 결정을 X선으로 촬영

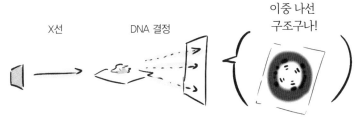

X선 DNA 결정

이중 나선 구조구나!

윌킨스가 이 사진을 왓슨에게 공유했다

X선 사진으로 DNA 구조를 밝히다

정리

왓슨, 크릭, 윌킨스는 생명의 설계도인 DNA의 구조가 이중 나선 모양임을 증명했다. DNA의 형태를 근거로 유전 정보의 복제 원리를 설명할 수 있게 되면서 생물학의 새 분야가 열렸다.

우리 몸은 어떻게 수많은 바이러스에 대항할 수 있을까?

🏆 | 수상자

도네가와 스스무
利根川進
1939~
일본

✏ | 연구 및 개요

항체 다양성의 유전적 원리 발견 | 1987 | 기초 |
몸 밖에서 침입한 이물질을 제거하는 단백질인 항체에 주목했다. 태어나기 전의 쥐와 어른이 된 쥐를 대상으로 항체를 만드는 유전자를 분석한 결과, 우리 몸은 성장하면서 한정된 유전자를 조합하여 다양한 항체를 만들어낼 수 있다는 사실을 발견했다.

우리 몸의 침입자를 물리치는 항체

우리 몸은 침입한 병원체와 이물질을 물리칩니다. 병원체나 이물질이 몸 안으로 들어오면 'B세포'라는 면역 세포가 항체를 만듭니다. 항체는 이물질들을 뭉치거나 이물질에 직접 달라붙어 무력하게 만들지요. 우리가 건강하게 지낼 수 있는 것은 항체 덕분입니다.

몸 밖에는 병원체와 이물질이 매우 많은데, 그 전부에 각각 대응하는 항체를 모두 만들 수는 없습니다. 그래서 한정된 유전자로 우리 몸은 병원체와 이물질을 어떻게 물리칠까?

쥐의 유전자 연구에서 항체가 만들어지는 원리 발견

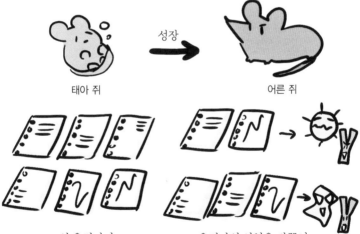

DNA의 유전자가
띄엄띄엄 흩어져 있다

유전자의 서열을 바꾸어
다양한 항체를 만들 수 있다!

유전자 조합으로 다양한 항체가 만들어지는 원리

다양한 항체를 만들어내는데 이 메커니즘을 밝혀낸 사람이 도네가와 스스무입니다. 그는 항체를 만드는 B세포와 관련된 유전자 연구를 통해, 흩어져 있는 유전자의 순서를 바꾸어 나열하면 여러 종류의 항체를 만들어낼 수 있다는 사실을 알아냈습니다.[10·11·12]

항체는 어떻게 만들어질까?

항체는 각 이물질에 대응해서 만들어집니다. 그러면 항체를 만드는 유전자는 병원체의 수만큼 필요하지 않을까요? 하지만 실제로 사람의 유전자 수는 약 2만 개밖에 되지 않아요. 한정된 유전자로 대체 어떻게 다양한 항체를 만들어낼 수 있을까요?

수억 종의 항체를 만드는 열쇠는 '조합'

도네가와는 항체를 만드는 세포의 근원인 B세포에 주목했습니다. B세포는 항체의 설계도인 DNA를 가지고 있거든요. 그는 쥐 태아의 미성숙한 B세포 DNA와 어른 쥐의 암세포화된 B세포 DNA를 비교했습니다. 쥐 태아의 경우 맞춤 부위에 관한 유전자가 띄엄띄엄 흩어져 있었지만, 어른 쥐의 경우 가까이에 모여 있었습니다. 즉 쥐가 성장하는 과정에서 항체의 맞춤 부위와 관련된 유전자의 조합이 재구성된다는 말이지요. 한정된 유전자로 여러 종류의 항체를 만들어내는 원리가 밝혀진 것입니다.

연구 발표는 30분이 넘게 이어졌지만
발표가 끝날 즈음에는
우레와 같은 박수가 나왔고
뒤이어 왓슨이 축하를 건넸다

축하합니다!
훌륭한 발표였어요.

주최자
제임스 왓슨

**도네가와
스스무**

성공적으로 끝난 도네가와의 연구 발표회

🔆 더 알고 싶어요!

항체를 연구한 과학자들

노벨상을 받은 연구에서 항체가 처음 등장한 시기는 1901년으로, 항체를 발견한 에밀 폰 베링Emil Adolf von Behring(1854~1917)이 노벨 생리학·의학상을 받았습니다. 앞서 등장한 카를 란트슈타이너도 항체가 특정 이물질에 대응해서 결합한다는 사실을 발견하여 1930년에 노벨상을 받았지요.

1970년대에는 제럴드 에덜먼Gerald Maurice Edelman(1929~2014)과 로드니 포터Rodney Robert Porter(1917~1985)가 항체의 구조를 증명했습니다. 항체의 구조라고 하면 1987년에 노벨상을 받은 도네가와의 업적도 빠뜨릴 수 없겠네요. 노벨상을 받은 연구에서 새롭게 노벨상을 받은 연구가 태어난 셈입니다.[13]

항체도 유전자 연구로 풀어내다

오늘날에는 유전자를 조합하면 우리 몸에서 수억 종이나 되는 항체를 만들 수 있다고 합니다. 이 정도라면 거의 모든 이물질에 대응할 수 있겠네요. 항체 연구는 우리 몸의 중요한 원리를 밝혀낸 연구입니다.

정리

도네가와는 항체를 만드는 세포로 분화한 B세포에 주목하여 B세포의 DNA가 재조합되면서 다양한 항체를 만들 수 있다는 사실을 발견했다. 이 덕분에 인류는 인체를 더 깊이 이해하게 되었다.

우리는 어떻게 냄새를 느낄까?

🏆 | 수상자

리처드 액설
Richard Axel
1946~
미국

린다 벅
Linda Brown Buck
1947~
미국

✏️ | 연구 및 개요

후각 수용체 발견 및 후각 메커니즘 규명
| 2004 | 기초 |

냄새를 맡는 센서인 후각 수용체 주변의 세포를 만드는 유전자를 분석해서 후각 수용체를 만드는 유전자를 찾아냈다. 그리고 후각 수용체가 수많은 냄새를 분류하여 뇌로 정보를 전달하는 원리를 밝혀냈다.

뒤늦게 밝혀진 후각의 원리

1960년 이후 청각과 시각에 관한 연구가 노벨상을 받았고, 이어서 후각의 원리가 리처드 액설과 린다 벅 두 과학자에 의해 밝혀졌습니다. 두 과학자의 연구팀은 냄새의 정보를 전달하는 세포에 주목했습니다. 쥐를 이용한 동물 실험에서 냄새 분자를 인식하는 단백질인 후각 수용체와 관련된 유전자를 찾아냈고, 약 1,000종류의 후각 수용체가 존재한다는 사실을 증명했습니다.

냄새 분자를 인식하는 센서

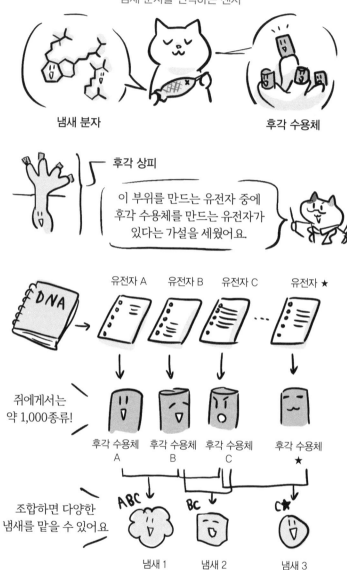

냄새 분자

후각 수용체

후각 상피

이 부위를 만드는 유전자 중에 후각 수용체를 만드는 유전자가 있다는 가설을 세웠어요.

DNA

유전자 A   유전자 B   유전자 C   유전자 ★

쥐에게서는 약 1,000종류!

후각 수용체 A   후각 수용체 B   후각 수용체 C   후각 수용체 ★

조합하면 다양한 냄새를 맡을 수 있어요

ABC   BC   C★

냄새 1   냄새 2   냄새 3

후각 수용체를 만드는 유전자의 발견

이후 인간에게 이 유전자가 약 910개, 수용체는 약 500종이 있는 것으로 드러났습니다. 여러 종류의 센서를 만든 덕에 쥐든 인간이든 냄새 분자의 크기나 형태에 따라 다양한 냄새를 분류할 수 있다는 사실을 알게 되었습니다.[14·15]

어떻게 냄새를 분류해서 뇌에 전달할까?

우리의 코는 표면에 있는 후각 수용체로 공기 중의 냄새 분자를 인식하고, 그 분자의 정보를 읽어들여 냄새를 감지합니다. 당시에는 후각 수용체의 설계도와 메커니즘은 알지 못했습니다.

냄새 분자를 감지하는 몸 안의 센서, 후각 수용체

액설과 벅의 연구팀은 냄새의 정보를 전달하는 후각 상피에 주목했습니다. 이 세포를 만드는 유전자에서 후각 수용체에 관여하는 유전자를 밝혀냈지요. 이후 인간에게는 이 유전자가 910개, 수용체는 약 500종이 있다는 사실이 확인되었습니다.[16·17] 여러 종류의 센서를 통해 냄새 분자의 크기와 형태를 파악하여 다양한 냄새를 분류했던 것이지요.

게다가 센서가 감지한 냄새를 뇌가 인식하는 원리도 밝혀냈습니다. 냄새 분자가 후각 수용체에 결합하면 냄새 분자의 종류에 반응한 후각 수용체가 변형되어 뇌에 전기 신호를 보냅니다. 뇌에 전기 신호를 보내는 신경 세포는 수용체의 종류가 다르므로 뇌는 자극을 전달한 신경 세포에 따라 어느 수용체가 반응했는지, 즉 어떤 냄새를 맡았는지 알 수 있습니다.

후각 수용체의 다양한 쓰임

후각 수용체는 피부와 신장처럼 코가 아닌 기관에서도 발견되고,[18] 상처 회복과 혈압 조절에도 관여하는 것으로 보입니다. 게다가 선충 같은 벌레의 후각을 이용해서 암을 조기 발견하는 연구도 진행 중이지요.[19] 앞으로 후각 연구는 생명 활동의 이해와 의료에 다양하게 이바지할 것으로 기대됩니다.

☀ 더 알고 싶어요!

고대 사람들은 후각을 어떻게 생각했을까?

고대 로마에도 후각에 관해 생각한 학자가 있었어요. 철학자 루크레티우스Titus Lucretius Carus(기원전 99~기원전 55)입니다. 냄새의 근원은 저마다 형태와 크기가 다르므로 서로 다른 냄새가 난다고 주장했습니다.[20] 그로부터 약 2,000년 뒤 후각은 냄새의 근원인 분자의 형태, 크기, 구조를 감지한다는 사실이 밝혀졌습니다.

몸 여기저기에서 후각 수용체가 발견되었다

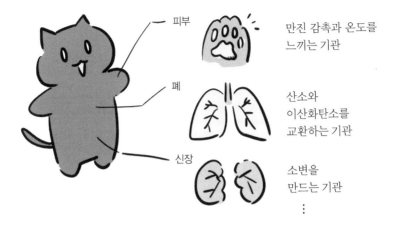

피부 — 만진 감촉과 온도를
느끼는 기관

폐 — 산소와
이산화탄소를
교환하는 기관

신장 — 소변을
만드는 기관
⋮

다양한 기관에서 발견된 후각 수용체

정리

액설과 벅은 냄새를 감지하는 후각 수용체와 후각 수용체의 설계도인 유전자를
발견했고, 후각 수용체가 냄새의 정보를 뇌에 전달하는 원리를 밝혔다. 오늘날에
는 의·약학 분야에서도 후각을 연구하고 있다.

난치병 치료에 내려온 한 줄기 빛!
세포의 시간을 되감는다고?

🏆 | 수상자

야마나카 신야
山中伸弥
1962~
일본

존 거던
John Bertrand Gurdon
1933~
영국

✎ | 연구 및 개요

세포를 성숙하기 전으로
되돌리는 방법 발견
| 2012 | 기초 |

성숙한 세포를 초기화하는 네 개의 유전자인 야마나카 인자를 발견했다. 쥐의 피부 세포로부터 신체의 다양한 세포로 분화할 수 있는 iPS 세포Induced pluripotent stem cell(유도만능줄기세포)를 제작하는 데 성공했다. 이후 인간의 세포로도 iPS 세포를 배양했다.

세포의 시간을 되돌리는 연구

우리의 몸을 구성하는 세포는 수정란이 세포 분열을 반복하면서 만들어집니다. 그 과정에서 세포는 눈 세포, 심장 세포 등 각기 다른 기능을 가진 세포로 서서히 변합니다. 이를 분화라고 합니다.

1962년, 존 거던은 이미 분화한 세포도 다양한 세포로 분화할 가능성이 있음을 증명했습니다. 야마나카 신야는 분화한 쥐 세포

세포의 분화

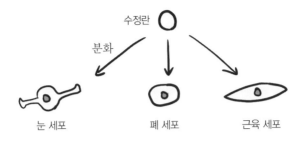

수정란

분화

눈 세포   폐 세포   근육 세포

분화하기 전의 세포를 만드는 과정

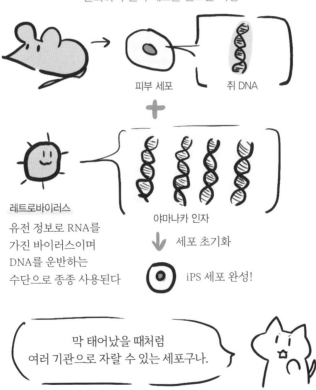

피부 세포   쥐 DNA

+

레트로바이러스
유전 정보로 RNA를
가진 바이러스이며
DNA를 운반하는
수단으로 종종 사용된다

야마나카 인자

세포 초기화

iPS 세포 완성!

막 태어났을 때처럼
여러 기관으로 자랄 수 있는 세포구나.

다양한 세포로 분화하는 iPS 세포가 만들어지기까지

에 특정 유전자를 넣었을 때 세포가 초기화되는 현상을 발견했습니다. 이 세포를 iPS 세포라고 명명한 야마나카는 2007년, 인간의 세포로 iPS 세포를 안정적으로 배양하는 데 성공했습니다.[21·22]

줄기세포 연구의 과제

25년 전 1981년에 ES 세포Embryonic stem cell(배아줄기세포)가 개발되었습니다. ES 세포는 태반을 제외한 모든 세포로 분화할 수 있습니다. 그러나 제작할 때 수정란을 파괴해야 하는 데다 ES 세포를 이식한 몸에서 면역 거부 반응이 일어나는 문제가 있었습니다.

세포 초기화에 성공하다

1962년에 거던은 이미 분화한 세포에도 다양한 조직 세포로 분화하는 정보가 남아 있음을 실험으로 증명했습니다. 그는 분화하지 않은 개구리 수정란에서 핵을 추출하여 소장 세포로 분화한 세포의 핵과 바꿔 넣었는데, 문제없이 올챙이로 성장했습니다.[23]

야마나카는 '야마나카 인자'로 불리는 네 개의 유전자 Oct3/4, Sox2, Klf4, c-Myc를 레트로바이러스에 넣었습니다. 이 바이러스를 이용해서 쥐의 DNA에 야마나카 인자를 집어넣었고, 2006년에는 쥐 세포에서, 2007년에는 인간 세포에서 iPS 세포를 배양하는 데 성공했습니다.

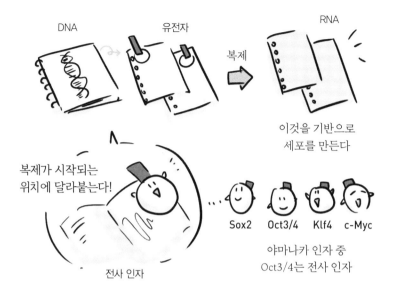

야마나카 인자 중 전사 인자로 밝혀진 Oct3/4

🔆 더 알고 싶어요!

야마나카 인자란?

야마나카 인자는 iPS 세포를 만들기 위해 새로 만든 유전자가 아니라 원래 세포 안에 있던 유전자입니다. 그중 Oct3/4는 전사 인자 Transcription factor를 만드는 유전자의 일종입니다.

세포 안에서 DNA의 유전자를 복제(전사)하면 RNA가 만들어집니다. 그리고 전사 인자는 유전자 복제가 시작되는 위치에 달라붙어 전사가 정확하게 진행될 수 있도록 효소를 배치하는 단백질입니다.

난치병 치료의 미래

2014년에는 세계 최초로 임상 연구가 진행되었습니다. 연구자들은 환자의 세포에서 iPS 세포를 만들어 망막세포로 분화한 다음 눈에 이식했습니다.[24] 지금도 이 iPS 세포로 새로운 치료법과 약을 개발하는 연구가 진행 중입니다.

정리

거던은 분화가 끝난 세포가 다양한 세포로 분화할 가능성을 증명했으며, 야마나카는 iPS 세포를 만들어냈다. 오늘날 과학자들은 난치병 치료법 및 신약 개발을 목표로 iPS 세포를 연구하고 있다.

원인 불명의 간염을 일으키는 범인의 정체는?

🏆 | 수상자

하비 올터
Harvey James Alter
1935~
미국

마이클 호턴
Michael Houghton
1949~
영국

찰스 라이스
Charles Moen Rice
1952~
미국

✏️ | 연구 및 개요

C형 간염 바이러스 발견 | 2020 | 실용 |

원인 불명의 간염을 일으키는 감염 물질인 바이러스의 존재를 밝히고 신종 바이러스인 C형 간염 바이러스를 발견했다. C형 간염 바이러스의 증식에 필요한 단백질의 정체가 드러나면서 혈액 검사와 신약 개발을 할 수 있게 되었다.

원인 불명의 간염이 등장하다

간염은 간에 염증을 일으키는 질병입니다. 1970년대부터 바이러스성 간염을 일으키는 A형과 B형 두 종류의 간염 바이러스는 검

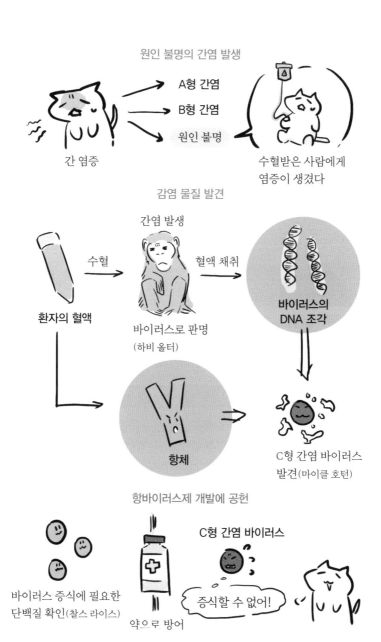

A형 간염

B형 간염

원인 불명

간 염증

수혈받은 사람에게
염증이 생겼다

감염 물질 발견

간염 발생

수혈

혈액 채취

환자의 혈액

바이러스로 판명

(하비 올터)

바이러스의
DNA 조각

항체

C형 간염 바이러스
발견(마이클 호턴)

항바이러스제 개발에 공헌

C형 간염 바이러스

바이러스 증식에 필요한
단백질 확인(찰스 라이스)

약으로 방어

증식할 수 없어!

C형 간염 바이러스 발견과 항바이러스제 개발

사할 수 있게 되었지만, 수혈받은 사람이 원인 불명의 간염에 걸리는 일이 벌어졌지요.[25·26]

2020년의 노벨 생리학·의학상은 이 원인 불명의 간염을 일으킨 C형 간염 바이러스를 발견한 과학자에게 주어졌습니다. 하비올터는 감염 물질이 바이러스의 특징을 가지고 있다는 사실을 알아냈고, 이후 마이클 호턴이 바이러스의 DNA 조각을 이용해서 감염 물질의 정체가 간염 바이러스임을 밝혀냈습니다. 찰스 라이스는 C형 간염 바이러스가 증식하는 데 필요한 단백질을 확인해서 항바이러스제 개발에 공헌했습니다.

무엇이 간염을 일으켰을까?

A형 간염도 B형 간염도 아닌데, 수혈받고 간염에 걸린 환자의 혈액에는 어떤 감염 물질이 있으리라고 과학자들은 예상했습니다. 연구 당시에는 그 물질이 바이러스인지조차 몰랐지만요.

C형 간염 바이러스의 발견

올터는 환자의 혈액을 수혈받은 침팬지가 간염에 걸린 현상에 주목했고, 감염 물질이 바이러스의 특징을 지니고 있음을 증명했습니다. 그리고 호턴은 감염된 침팬지의 혈액에서 DNA의 조각과 함께 환자의 혈액에서 바이러스를 죽이는 항체를 수집했습니다. 그는 이 DNA 조각과 항체를 통해 새로운 C형 간염 바이러스를 발견했습니다.

하지만 C형 간염 바이러스를 침팬지에게 접종해도 간염은 일어나지 않았습니다. 라이스는 C형 간염 바이러스가 간세포를 감염시킬 때 필요한 단백질을 확인함으로써 바이러스 증식을 억제하는 데 성공했습니다. 라이스의 발견은 항바이러스제 개발로 이어졌습니다.

수많은 생명을 구한 간염 바이러스 연구

1990년대에는 수혈할 혈액에 C형 간염 바이러스가 들어 있는지 반드시 확인하도록 바뀌면서 새 감염자 수는 큰 폭으로 줄었습니다. 그리고 항바이러스제 덕분에 C형 간염 환자 중 95퍼센트가 완치될 수 있었습니다.[27]

간염 환자는 전 세계 곳곳에 있습니다. 2016년에는 세계보건총회World Health Assembly에서 〈바이러스성 간염에 대한 글로벌 보건 전략 2016-2021〉을 채택했고, 바이러스성 간염의 박멸을 목표로 정했습니다.[28] 올터와 호턴, 라이스의 업적은 오늘날 우리가 간염과 맞설 때 무척 든든한 힘이 되었답니다.

C형 간염은 전 세계적으로 해결해야 할 과제

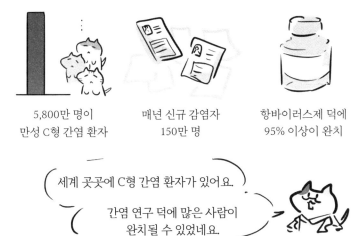

5,800만 명이
만성 C형 간염 환자

매년 신규 감염자
150만 명

항바이러스제 덕에
95% 이상이 완치

세계 곳곳에 C형 간염 환자가 있어요.

간염 연구 덕에 많은 사람이
완치될 수 있었네요.

전 세계 수많은 생명을 구한 간염 연구

정리

원인 불명의 간염에 대해 올터는 원인 물질이 C형 간염 바이러스라는 신종 바이러스라는 사실과 바이러스가 증식하는 데 필요한 단백질이 무엇인지 알아냈다. 그리고 C형 간염에 대항하는 신약을 개발하는 데 이바지한 연구자들 덕분에 C형 간염 환자를 줄이고 수많은 사람의 건강을 지킬 수 있었다.

iPS 세포의 'i'

iPS 세포라는 이름을 붙인 사람은 연구팀을 이끈 야마나카 신야입니다. iPS는 유도만능줄기세포를 일컫는 'Induced pluripotent stem cell'의 약칭인데요. 소문자 i는 미국의 IT 기업 애플Apple의 세계적인 인기 상품 아이팟iPod에서 유래했습니다. 아이팟처럼 널리 보급되기를 바라는 야마나카의 마음이 담겨 있었지요.

생명의 메커니즘만 생리학·의학 연구 대상이 아니다

의학과 생리학은 주로 인간을 비롯한 생물의 신체가 어떤 구조로 되어 있고, 신체의 기능이 어떻게 작용하는지 연구하는 학문입니다. 하지만 역대 노벨 생리학·의학상을 돌아보면 연구 성과가 메커니즘의 규명에 한정되지 않았다는 사실을 알 수 있지요.

이를테면 2003년에 수상한 핵자기공명법NMR이나 앞서 등장했던 골지 염색법이 노벨상을 받은 이유는 질병 혹은 생체 조직을 눈으로 볼 수 있는 기술을 개발했기 때문입니다. 몸을 들여다보고 조사하는 기술 덕에 생명을 더 깊이 이해할 뿐만 아니라 많은 사람의 목숨을 살릴 수 있게 되었습니다. 이는 의학과 생리학이 지향하는 바이기도 합니다.

2장

노벨 물리학상

물리학은 주로 자연 현상의 원리를

이론과 실험으로 밝히고자 하는

자연과학 분야입니다.

아무도 존재하는지조차 몰랐던 현상이나 법칙을

수상자들은 어떻게 발견했고

어떻게 밝혀냈을까요?

X선 발견

몸을 투과하는 미지의 빛!
병을 발견, 치료할 때도 쓰인다고?

🏆 | **수상자**

빌헬름 뢴트겐
Wilhelm Conrad Röntgen
1845~1923
독일

✏️ | **연구 및 개요**

X선 발견 | 1901 | 기초 |

진공 상태에서 방전 현상을 관찰할 수 있는 장치
인 음극관으로 실험하던 도중, 음극관의 덮개를 투
과하여 사진 건판에 반응을 일으키는 광선을 발견
했다. 이 광선으로 물체의 내부가 보이는 사진을
촬영할 수 있다는 사실을 확인하고 광선을 'X선'으
로 명명했다.

X선 사진은 우연히 발견되었다?

1901년은 최초의 노벨상 시상식이 열린 해입니다. 기념할 만한 제
1회 노벨 물리학상은 X선을 발견한 빌헬름 뢴트겐이 받았습니다.
학교나 병원에서 건강 검진할 때 찍는 X선 사진은 발견한 사람의
이름을 따서 뢴트겐 사진이라고도 합니다.

X선의 발견은 우연의 산물이랍니다. X선은 눈으로 볼 수 없는
빛의 일종입니다. 뢴트겐은 대체 어떻게 눈에 보이지 않는 빛을 발

음극관

관 내부를 진공으로 만들고
양 끝에 각각 음전하와 양전
하를 띠게 하면 방전 현상이
일어난다

덮개를 씌웠더니

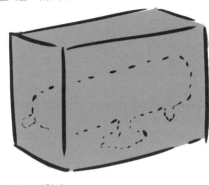

사진 건판

미지의 광선이 있구나!

사진도 찍힌다

금반지

손가락뼈

광선   손   사진 건판

광선이 투과한 부분은 하얗게, 투과하지 못한 부분은 까맣게 찍힌다

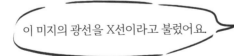

이 미지의 광선을 X선이라고 불렀어요.

음극관을 사용한 실험에서 발견된 X선

견했을까요? 진공 또는 비활성 기체(원소 주기율표의 18족 원소를 일컫는 말. 안정성이 높아 다른 원소와 거의 반응하지 않는다 — 옮긴이 주)를 전자가 통과할 때 생기는 선인 음극선을 사용한 연구가 계기였습니다. X선은 의도치 않게 발견된 셈이지요.

X선 발견을 이끈 뢴트겐의 음극관 연구

뢴트겐은 열을 탐구하는 물리학 분야를 중심으로 결정, 유체 등 다양한 주제를 연구했습니다. 그리고 1895년에 음극관 연구를 시작했습니다.

어둠 속에서 우연히 찍힌 사진

유리관을 비활성 기체로 채우고 유리관 안에 있는 금속판에 전기가 흐르게 하면 전자가 금속판 사이를 이동합니다. 이 전자의 흐름이 음극선입니다. 뢴트겐은 실험 도중 음극선을 그리는 장치를 마분지로 씌워 음극선은 물론 장치에서 새어 나오는 빛까지 차단했습니다. 그때 우연히 가까이 있던 사진 건판이 형광을 내뿜는 것을 보았습니다.[1,2]

그래서 뢴트겐은 종이를 지나 감광판에 도달한 빛이 있으리라고 예상했습니다. 덮개의 종류를 바꾸어 실험한 결과, 이 빛은 온갖 물체를 투과하며 이를 이용하면 물체의 내부가 비치는 사진을 찍을 수 있다는 사실을 알았습니다. 뢴트겐은 형광을 내뿜는 현상을 이 '미지의 광선'이 작용한 결과로 보고, 광선에 'X선'이라는 이름을 붙였습니다.[3·4]

새로운 빛에 전 세계가 주목하다

X선의 발견은 학계에 어마어마한 파문을 일으켰습니다. 뢴트겐이 1895년에 논문을 발표한 이래로 2년 동안 X선에 관한 논문이

X선을 활용하는 사례

1,000건 이상 발표되었습니다.[5] X선에 관심을 표한 과학자들이 후속 연구를 진행했기 때문입니다. 그리고 뢴트겐이 찍은 사진과 함께 기사가 보도되면서 X선은 전 세계 사람들의 주목을 받았습니다.

오늘날 X선은 인체나 물체에 피해를 주지 않으면서 내부를 촬영할 수 있다는 장점 덕에 의료 분야, 공사 현장, 보안 검색대 등에 쓰입니다. 그리고 시료에 함유된 원소를 분석하거나 결정·분자의 구조를 파악할 수 있어 과학 연구에도 유용하게 쓰이고 있습니다.

정리

뢴트겐은 음극선 연구 도중 우연히 미지의 빛을 발견하고 X선이라는 이름을 붙였다. 뢴트겐의 발견으로 X선에 관한 연구가 활발해졌다. 온갖 물체를 투과할 수 있는 X선은 물체를 파괴하지 않고도 물체의 내부와 구조를 파악하는 데 활용된다.

방사선은 천연 광물에서도 나온다!
현대에도 사라지지 않은 오해를 풀려면?

🏆 | 수상자

앙투안 베크렐
Antoine Henri Becquerel
1852~1908
프랑스

마리 퀴리
Marie Curie
1867~1934
프랑스

피에르 퀴리
Pierre Curie
1859~1906
프랑스

✏️ | 연구 및 개요

천연 방사성 원소의 발견 | 1903 | 기초 |

우라늄(U)이 들어 있어 형광을 내뿜는 천연 광석으로 실험을 진행했다. 광석이 형광을 내뿜지 않을 때도 빛이 나오는 현상을 통해 방사선을 발견했고, 이를 '베크렐선'이라고 명명했다. 방사선을 내뿜는 원소도 발견했으며, 방사선을 내뿜는 성질을 방사능이라고 불렀다.

광석에서도 X선이 나온다고?

과학의 세계에서는 새로운 현상을 발견하면 뒤이어 새로운 가설과 추측들이 연달아 등장하는 일이 종종 있습니다. 1895년에 뢴

베크렐의 실험

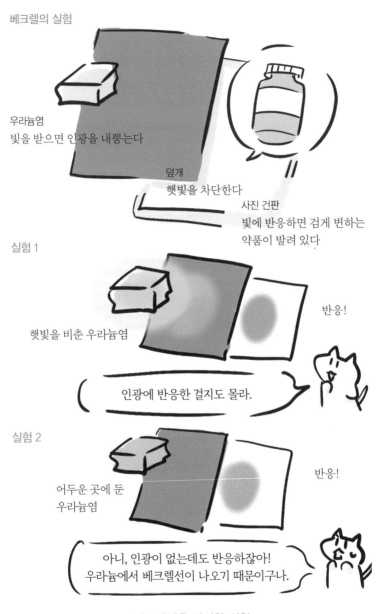

우라늄염
빛을 받으면 인광을 내뿜는다

덮개
햇빛을 차단한다

사진 건판
빛에 반응하면 검게 변하는
약품이 발려 있다

실험 1

햇빛을 비춘 우라늄염

반응!

인광에 반응한 걸지도 몰라.

실험 2

어두운 곳에 둔
우라늄염

반응!

아니, 인광이 없는데도 반응하잖아!
우라늄에서 베크렐선이 나오기 때문이구나.

베크렐선을 발견한 실험

트겐이 X선을 발견한 직후 정체 모를 빛에 수많은 과학자의 이목이 쏠렸습니다. 수학자이자 물리학자이며 과학철학자였던 앙리 푸앵카레Jules Henri Poincaré(1854~1912) 역시 X선에 흥미를 느낀 과학자였습니다.

1896년[6·7] 푸앵카레는 "형광을 내뿜는 부분에서 X선이 방출된다"라는 뢴트겐의 결론으로부터 '형광이나 인광燐光을 내뿜는 물질은 X선도 내뿜지 않을까?' 하고 추측했습니다. 당시 앙투안 베크렐은 이 추측을 듣고 인광을 내뿜는 광석에서 X선이 방출된다고 생각했습니다.

X선에 대한 푸앵카레와 베크렐의 호기심

1896년[8] 당시 베크렐은 푸앵카레의 동료였습니다. 그는 과학 아카데미의 정기 회의에서 푸앵카레의 발표를 듣고 의견을 주고받았다고 합니다.

천연 광석에서 발견된 방사선

베크렐은 물리학자였던 아버지 알렉상드르 에드몽 베크렐Alexandre -Edmond Becquerel에게서 우라늄염(순수 우라늄 광석을 건조·여과하는 과정에서 생기는 농축물 — 옮긴이 주)이라는 광석을 물려받았습니다.[9] 우라늄염은 햇빛을 받으면 인광이라는 희푸른 빛을 내뿜는데요. 베크렐은 이 광석을 종이에 감싸 사진 건판 위에 올린 다음 빛을 차단하면 어떻게 될지 시험했습니다.

실험 조건은 다음과 같았습니다. 하나는 광석을 감싼 종이를 햇빛이 잘 드는 곳에 두고, 다른 하나는 햇빛이 닿지 않는 서랍 안에 두었습니다. 그 결과 두 조건에서 모두 사진 건판이 반응했습니다.[10] 그러니까 우라늄염에서는 햇빛에 반응해서 인광을 내뿜지 않을 때도 사진 건판을 반응시키는 무언가가 뿜어져 나온다는 말이지요. 이 '무언가'의 정체는 방사선이었습니다.

꾸준히 이어진 방사선 연구

이 방사선은 발견한 사람의 이름을 따 베크렐선으로 명명되었습니다. 당시 방사선의 성질까지는 밝혀내지 못한 채, 베크렐은 방사선이 실험에 사용된 광석에 함유된 우라늄과 관계있으리라고 추측했습니다. 오늘날에는 실제로 우라늄이 방사선을 방출하는 천연 방사성 원소라는 사실을 알고 있지요.

이후 피에르 퀴리와 마리 퀴리 부부가 방사선 연구를 꾸준히 이어 나갔습니다. 토륨(Th), 폴로늄(Po), 라듐(Ra)도 방사선을 내뿜는다는 사실을 발견했고,[11] 방사선을 내뿜는 성질을 '방사능'으로 부르게 되었습니다. 방사선은 현재 원자력 발전소 외에 암 치료에도 활용되고 있습니다.

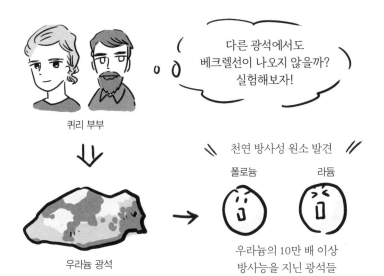

퀴리 부부가 발견한 방사능 광석들

정리

뢴트겐이 X선을 발견한 이후, 베크렐은 천연 광석인 우라늄 화합물에서도 방사선이 방출되는 현상을 실험으로 확인했다. 퀴리 부부는 우라늄 이외에도 방사능이 있는 원소들을 발견했다. 현재 방사선은 발전 및 의료 분야에 쓰인다.

빛을 에너지가 있는 입자로 생각한다면?

🏆 | 수상자

알베르트 아인슈타인
Albert Einstein
1879~1955
독일

✏️ | 연구 및 개요

광전 효과 발견 | 1921 | 기초 |

금속에 빛을 비췄을 때 전자가 튀어나오는 현상인 광전 효과를 발견했다. 이를 근거로 빛은 에너지를 지닌 입자(광양자)라는 광양자설을 주장했다. 물리학에서 '양자가 존재한다'라는 개념의 유용성을 입증했다.

빛은 파동일까? 아니면 입자일까?

1905년은 '기적의 해'로 불립니다. 왜냐하면 알베르트 아인슈타인이 물리학에서 매우 중요한 연구를 다섯 개나 발표한 해이기 때문입니다. 이 다섯 개의 연구에는 노벨상을 받은 광양자설에 관한 논문도 있습니다.[12]

17세기[13] 이래로 물리학계에서 '빛은 파동인가, 입자인가'에 관한 논쟁이 끊이지 않았습니다. 금속에 빛을 비췄을 때 전자가 튀어

광전 효과의 원리

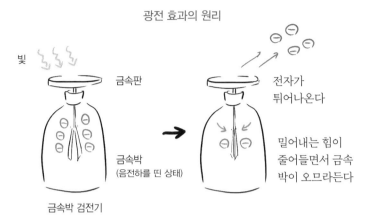

빛

금속판

금속박
(음전하를 띤 상태)

금속박 검전기

전자가
튀어나온다

밀어내는 힘이
줄어들면서 금속
박이 오므라든다

빛을 입자(광양자)로 가정한 아인슈타인

충돌

광양자

광양자

전자

전자

금속판

실험 결과: 튀어나오는 전자의 운동 에너지는 빛의 진동수에 따라 결정된다
→ 광양자가 존재한다고 가정하면 설명할 수 있다

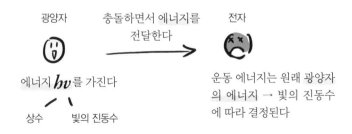

광양자

충돌하면서 에너지를
전달한다

전자

에너지 $h\nu$를 가진다

상수   빛의 진동수

운동 에너지는 원래 광양자
의 에너지 → 빛의 진동수
에 따라 결정된다

입자로서 빛의 성질을 증명한 아인슈타인

나오는 현상, 즉 광전 효과의 법칙성을 연구한 아인슈타인은 빛이 에너지를 지닌 입자(광양자 또는 광자)라는 광양자설을 발표했습니다.

아인슈타인의 광양자설 실험

광전 효과는 금속판과 전류계를 조합한 장치(오른쪽 그림)로 관찰할 수 있습니다. 미리 전자를 띠게 한 금속판에 빛을 비춥니다. 전류는 전자의 흐름이므로 전류계를 보면 금속판에서 전자가 흐르는지 알 수 있습니다.

튀어나온 전자의 운동 에너지가 빛의 진동수에 따라 결정된다는 점, 전자가 흐르는 데 필요한 최소 진동수가 물질의 종류에 따라 결정된다는 점, 빛의 세기가 클수록 전자가 많이 흐르지만 전자의 최대 운동 에너지는 변하지 않는다는 점, 빛을 비추고 나서 전자가 튀어나올 때까지의 시차는 없다는 점을 이 실험에서 알 수 있습니다.

빛은 에너지를 가진 입자다!

위와 같은 실험을 통해 아인슈타인은 빛을 진동수에 비례하는 에너지를 가진 입자로 보았습니다. 이를 광양자설이라고 합니다. 광양자설이라면 광전 효과를 설명할 수 있습니다.

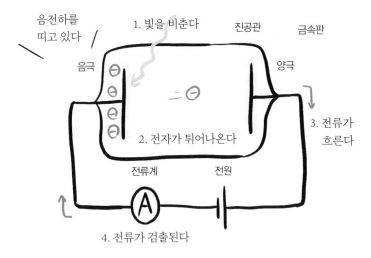

음전하를
띠고 있다

1. 빛을 비춘다

진공관

금속판

음극

양극

3. 전류가
흐른다

2. 전자가 튀어나온다

전류계

전원

A

4. 전류가 검출된다

금속판과 전류계를 조합한 실험 장치[14]

💡 더 알고 싶어요!

아인슈타인의 '기적의 해'[15]

기적의 해에 발표된 논문 중 특히 유명한 논문 세 편이 있습니다. 첫
번째는 위에서 설명한 광전 효과와 광양자설입니다. 두 번째는 특
수 상대성 이론입니다. 빛과 시공간에 관한 이론으로, 'E=mc²'라는
공식으로 에너지와 질량의 관계를 설명했지요. 그리고 세 번째는
브라운 운동Brownian motion입니다. 기체와 액체에서 10만~1,000만
분의 1센티미터 크기의 입자가 불규칙하게 이동하는 현상에 관한
이론입니다.

양자역학의 시대가 열리다

광양자설의 '양자'는 19세기 말[16] 물체가 방출하는 전자파에 관한 연구에서 등장한 개념입니다. 아인슈타인은 빛뿐만 아니라 고체를 구성하는 단원자 분자(원자 하나로도 분자의 성질을 가지는 분자 — 옮긴이 주)의 진동에도 양자의 개념을 응용하여 이론상 문제를 해결했습니다. 이로써 양자를 바탕에 둔 물리학 분야인 양자역학의 시대가 열렸습니다.

정리

아인슈타인은 자신이 발견한 광전 효과를 토대로 빛이 에너지를 가진 입자, 즉 광양자라는 가설을 주장했다. 그리고 수많은 문제에 양자를 응용할 수 있음을 증명하여 양자역학이 발전할 계기를 마련했다.

슈뢰딩거의 파동 방정식

양자역학의 기초!
전자가 원자핵 주위를 돌지 않는다고?

🏆 | 수상자

에르빈 슈뢰딩거
Erwin Schrödinger
1887~1961
오스트리아

폴 디랙
Paul Adrien Maurice
Dirac
1902~1984
영국

✏️ | 연구 및 개요

새로운 원자론 발견
| 1933 | 기초 |

'슈뢰딩거의 파동 방정식'으로 수소 원자를 이루는 전자의 움직임을 설명했다. 특히 전자가 원자핵 주위를 빙글빙글 돈다는 기존의 개념에서 벗어나, 원자핵 주위 어딘가에 전자가 존재할 때 전자가 관측되는 위치에 관한 확률을 방정식으로 표현했다.

2
노벨 물리학상

원자와 전자는 어떤 형태일까?

원자와 전자라는 작은 세계로 눈을 돌려볼까요? 1억분의 1미터라는 자그마한 규모로 일어나는 현상을 탐구하는 물리학 분야를 양자역학이라고 합니다. 양자역학이 발달한 20세기 초에는 원자의 구조가 아직 밝혀지지 않았습니다.

원자를 이루는 전자가 파동의 성질을 가지고 있다고 생각한 에르빈 슈뢰딩거는 파동의 형태를 띤 전자를 '슈뢰딩거의 파동 방정

기존 원자 모형의 문제점

러더퍼드의 원자 모형

원자핵

전자

전자가 원자핵 주위를
끊임없이 돈다

전자기학의 관점

전자가 원자핵에 사로잡혀
주위를 계속 돌 수 없다

슈뢰딩거의 파동 방정식

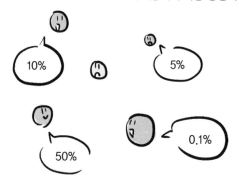

10%

5%

50%

0.1%

전자의 위치는 관측하기
전까지 알 수 없다

슈뢰딩거는 위치마다 전
자를 관측할 확률이 어느
정도인지 유도하는 식을
만들었다

방정식

$$-\frac{\hbar^2}{2m}\frac{d^2\phi(x)}{dx^2} + V(x)\,\phi(x) = E\phi(x)$$

$V(x)$: 전자가 주변 환경으로부터
받는 영향(퍼텐셜)

$\phi(x)$: 전자가 위치 x에 존재할
확률에 관한 파동함수

※ 1차원이며 시간을 고려하지
않는다고 가정한다

원자의 이미지를 완전히 뒤바꾼 파동 방정식

식'으로 나타냈습니다. 고전역학이라는 분야에서는 물체가 언제 어디에 존재하는지 방정식으로 예측할 수 있습니다. 하지만 양자역학에서 전자의 위치는 실제로 관측되기 전까지 아무도 알 수 없다니, 신기한 일이지요. 슈뢰딩거가 고안한 파동 방정식을 이용하면 전자가 존재하는 위치를 관측할 확률이 어느 정도인지 알 수 있답니다.

전자가 원자핵 주위를 돌지 않는다고?

1911년, 원자를 구성하는 전자가 원자핵 주위를 빙글빙글 돈다는 가설이 등장했습니다. 그러나 1800년대에 제임스 맥스웰James Clerk Maxwell(1831~1879)이 확립한 전자기학의 관점으로 보면, 전자는 원자핵 주위를 도는 동안 에너지를 잃고 끝까지 돌지 못해야 했지요.

슈뢰딩거의 파동 방정식

1923년, 루이 드브로이Louis Victor de Broglie(1892~1987)라는 물리학자가 전자가 파동의 성질을 가지고 있다는 가설을 세웠습니다. 여기서 힌트를 얻은 슈뢰딩거는 1925년부터 1926년에 걸쳐 파동을 설명하는 방정식인 슈뢰딩거의 파동 방정식을 만들었습니다. 그 덕분에 원자를 이루는 전자를 파동으로도 설명할 수 있게 되었습니다. 새로운 원자론이 등장한 것이지요.

슈뢰딩거의 파동 방정식으로 설명하는 양자역학을 '파동역학'이라고 합니다. 폴 디랙은 베르너 하이젠베르크Werner Karl Heisenberg (1901~1976)가 세운 행렬역학과 파동역학이 같다는 사실을 증명했습니다.[17] 파동역학은 다른 이론에도 그대로 적용할 수 있는 이론이었습니다.

양자역학의 기초를 다진 슈뢰딩거와 디랙

약 20년을 거슬러 올라가 1905년에 아인슈타인은 시공간에 관한 이론인 특수 상대성 이론을 완성했습니다. 그리고 1928년에 디랙은 특수 상대성 이론과 모순되지 않는 형태의 파동 방정식인 디랙 방정식을 고안했습니다.

슈뢰딩거 방정식과 디랙 방정식은 현대 양자역학을 설명할 때 빠져서는 안 될 방정식입니다. 원자와 양자를 다루는 분야는 물론 금속 재료 개발, 양자 컴퓨터 개발 분야에서도 기초가 된 식이기도 합니다.

방사성 원소

와인병

고양이

관측하기 전까지는
붕괴할지 알 수 없다 →

방사성 원소가 붕괴하면
와인병이 깨진다 →

상자를 열기 전까지는
고양이가 술에 취할지
알 수 없다고?

원래는 양자역학의 불확정성 원리를
증명하기 위해 고안된 실험이었어요.

양자역학의 유명한 사고실험, 슈뢰딩거의 고양이[18]

정리

슈뢰딩거는 전자를 파동으로 나타내는 방정식을 만들어, 파동역학을 바탕으로
새로운 원자 모형을 확립했다. 디랙은 파동역학이 행렬역학과 형식은 달라도 모
순되지 않는다는 사실을 증명했으며 특수 상대성 이론에도 적용되는 형식으로
나타냈다. 두 사람의 발견은 오늘날 양자역학의 기초가 되었다.

원자핵은 어떻게 흩어지지 않을까?

🏆 | 수상자

유카와 히데키
湯川秀樹
1907~1981
일본

✏ | 연구 및 개요

핵력 연구의 기초인 중간자의 존재를 예측
| 1949 | 기초 |

양성자와 중성자 사이에 작용하는 힘인 핵력을 매개하는 입자를 예측했다. '중간자'로 불린 이 입자는 나중에 실제로 관측되었다. 유카와가 연구에서 제시한 이론은 입자물리학의 바탕이 되었다.

원자핵은 어떻게 이루어져 있을까?

이 장에서는 세상을 이루는 작은 입자에 대해 생각해보기로 해요. 물질을 구성하는 입자인 원자는 원자핵과 원자핵 주위를 회전하는 전자로 이루어져 있어요. 원자핵은 다시 플러스 전하를 띤 양성자와, 플러스 전하도 마이너스 전하도 띠지 않은 중성자라는 입자로 이루어져 있지요. 그렇다면 양성자와 중성자는 어떻게 결합해서 원자핵을 형성할까요?

원자핵을 만드는 요소는 무엇일까?

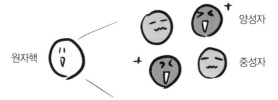

플러스 전하를 띤 입자와 전하를 띠지 않는 입자가
어떻게 붙어 있을까?

양성자와 중성자를 묶는 핵력

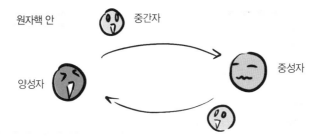

양성자와 중성자가 중간자를
주고받으며 결합한다

'중간자'라는 이름의 유래

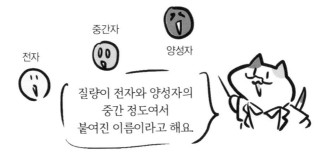

질량이 전자와 양성자의
중간 정도여서
붙여진 이름이라고 해요.

전자기력의 원리를 바탕으로 고안한 핵력의 원리

이 수수께끼의 해답을 예측한 사람이 유카와 히데키입니다. 유카와는 양성자와 중성자 사이에 핵력이라는 힘이 있는데, 양성자와 중성자가 어떤 입자를 주고받음으로써 핵력이 작용할 것이라고 생각했습니다. 이 입자는 나중에 '중간자'라는 이름으로 불리게 되었습니다.

양성자와 중성자의 캐치볼 게임

전자를 띤 입자들 사이에는 전자기력이 작용합니다. 실제로 전자기력을 매개하는 입자가 있는데, 이 입자가 광자라는 사실은 당시 이미 밝혀진 뒤였습니다. 유카와는 양성자와 중성자가 캐치볼을 하듯 어떤 입자를 주고받으면서 힘을 전달하고 서로 끌어당긴다고[19] 생각했습니다.

그리고 더 나아가 양성자와 중성자를 묶는 힘의 크기와 입자의 질량이 관련되어 있다는 가설을 세우고, 이 입자를 '메손meson'이라고 불렀습니다. 입자의 질량은 전자의 200배 정도였는데, 딱 전자와 양성자의 중간 정도였기에 메손을 '중간자'라고 부르게 되었습니다.[20·21]

중간자에도 여러 종류가 있다

1947년, 세실 파월Cecil Frank Powell(1903~1969)이라는 영국의 물리학자가 산 정상에 올라 우주에서 쏟아지는 방사선을 관측했고, 그 안에서 유카와가 예측했던 중간자가 붕괴하는 현상을 발견했습니다. 이후 중간자에도 여러 종류가 있다는 사실이 밝혀졌지요.

유카와가 중간자 연구에서 제시한 이론은 이후 입자물리학에서 널리 쓰이게 되었습니다. 한 입자의 존재를 예측했을 뿐만 아니라 입자물리학의 발전에도 공헌한 셈이지요.

파이(π) 중간자

1947년에 세실 파월이 발견한
입자로 양성자를 원자핵에
빠른 속도로 충돌시키면 발생한다

뮤(μ) 중간자

1937년에 칼 앤더슨Carl David Anderson이
발견한 입자로 파이 중간자가
붕괴할 때 발생한다

핵력을 매개하는 입자는 파이 중간자래요.
뮤 중간자는 중간자가 아니었다는 사실이
나중에 밝혀졌다고 해요.

파이 중간자와 뮤 중간자

평화를 소망한 과학자들

유카와는 원자핵을 이루는 힘인 핵력의 원리 중 일부를 밝혀냈습니다. 핵력은 굉장히 강해서 원자핵이 붕괴할 때 엄청난 에너지를 방출합니다. 인류는 이 에너지를 다양한 형태로 이용해왔습니다. 유카와는 핵무기와 전쟁이 사라지기를 바라는 과학자들이 모여 만든 국제회의인 퍼그워시 회의Pugwash conference 소속이었습니다. 퍼그워시 회의는 1995년 노벨 평화상을 받았습니다.[22]

정리

유카와는 광자를 주고받으면서 전자기력이 작용한다는 사실에서 힌트를 얻어, 양성자와 중성자를 묶는 힘인 핵력을 매개하는 입자가 있으리라고 예측했디. 이 연구는 후대 입자물리학 발전의 토대가 되었다.

전자의 질량이 무한대로 늘어나지 않게 막는다고?

🏆 | 수상자

도모나가 신이치로
朝永振一郎
1906~1979
일본

줄리언 슈윙거
Julian Seymour Schwinger
1918~1994
미국

리처드 파인만
Richard Phillips Feynman
1918~1988
미국

✏ | 연구 및 개요

양자전기역학의 기초 연구로 입자물리학의 지침 제시 | 1965 | 기초 |

양자역학과 전자기학, 두 분야에 걸친 학문인 양자전기역학을 공식으로 정립하여 재규격화 이론을 완성했다. 방정식으로 표현한 전자의 질량을 실제로 측정한 전자의 질량으로 바꾸어 전자의 질량이 무한대가 되는 문제를 해결했다.

양자전기역학의 골치 아픈 문제

디랙 방정식이 발표된 지 1년 후인 1929년[23]에 전자와 전기의 관계를 양자역학의 관점에서 연구하는 양자전기역학이라는 분야가

85

양자전기역학이란

전자와 전자기의 관계를 양자역학으로 연구한다

전자의 질량이 무한대가 되는 문제

양자역학이라는 학문이 나타나기 전부터 있던 문제였다

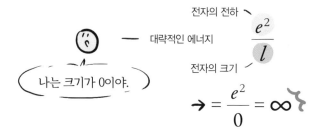

전자의 전하 ⬋

대략적인 에너지 ⎯

$$\dfrac{e^2}{l}$$

전자의 크기 ⬈

나는 크기가 0이야.

$$\rightarrow = \dfrac{e^2}{0} = \infty$$

재규격화 이론으로 해결

전하 및 질량 $=$ 기존 전하·질량 $+$ ∞

무한대로 커질 요소를
미리 빼두는 거예요.

대단해요!
이런 생각을 떠올리다니······.

양자전기역학의 문제를 해결한 재규격화 이론

만들어졌어요. 창시자는 베르너 하이젠베르크와 볼프강 파울리 Wolfgang Pauli(1900~1958)라는 물리학자였지요. 당시 이 학문에는 커다란 과제가 있었습니다. 계산할수록 광자가 가진 에너지와 전자의 질량이 무한대가 되어버리는 문제였지요.

도모나가 신이치로를 비롯한 연구자들은 이 모순을 해결할 계산법을 고안했습니다. 바로 전자의 질량과 전하를 실제 측정값으로 바꾸는 방법입니다. 이 이론을 '재규격화 이론Renormalization theory'이라고 합니다.

재규격화 이론의 등장

양자역학이 생기기 전에는 무한대가 될 리가 없는 전자의 질량과 전하가 무한대가 되는 문제가 있었고, 이 문제는 양자역학에서도 형태만 달라진 채 남아 있었습니다. 하이젠베르크는 물리학으로 이 문제를 해결할 수 있으리라고 생각했습니다. 그리고 도모나가는 하이젠베르크의 제자였습니다.[24]

1930년에 재규격화 이론이 처음으로 등장했는데, 여기서도 문제가 발생했습니다. 재규격화하려면 일단 재규격화가 가능한지부터 판단해야 했기 때문입니다.[25] 그리고 판단을 내리려면 특수 상대성 이론과 모순이 없도록 양자전기역학의 체계를 갖춰야 했지요.

입자물리학의 기초가 되다

도모나가 그리고 양자전기역학으로 노벨상을 공동 수상한 줄리언 슈윙거에 이어, 리처드 파인만은 '파인만 다이어그램Feynman diagram'이라는 도형을 이용하여 양자전기역학을 공식화하는 데 성공했습니다. 이후 둘은 같은 형식이며 파인만이 고안한 형식에서 문제없이 재규격화된다는 사실이 증명되었습니다.[26]

재규격화 이론은 양자의 일종인 소립자를 다루는 학문인 입자물리학에도 큰 발자취를 남겼습니다. 한때 소립자 이론은 재규격화할 수 있는지를 좋은 이론의 지침으로 삼아 크게 발전했기 때문입니다.[27·28]

☀️ 더 알고 싶어요!

물리학과 수학에 몰두한 줄리언 슈윙거

노벨상 공동 수상자 중 한 사람인 슈윙거는 젊었을 적부터 물리학과 수학에 뛰어났습니다. 노벨상을 받은 연구 분야인 양자전기역학을 주제로 한 논문을 무려 16세에 집필했다고 하지요. 그의 인생 첫 논문이었답니다.

대학에 진학하고서도 물리와 수학 공부에만 몰두했던 탓에 퇴학당할 위기에 처하기도 했습니다. 스승이었던 이지도어 라비Isidor Isaac Rabi 덕에 무사히 졸업할 수 있었지요. 훗날 그의 묘비에는 양자전기역학의 중요한 수식이 새겨졌습니다.

전자 사이에 작용하는 힘

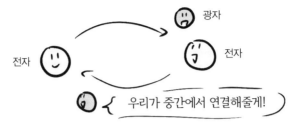

파인만 다이어그램으로 표현한 양자전기역학

양자전기역학을 직관적으로 나타낸 파인만 다이어그램

정리

도모나가, 슈윙거, 파인만은 전자와 전자기의 관계를 양자역학의 관점에서 체계화한 재규격화 이론을 고안하여 수식의 문제를 해결했다. 재규격화 이론은 입자물리학의 지침이 되었다.

빅뱅이 실제로 일어났다는 증거를 포착했다고?

🏆 | **수상자**

아노 펜지어스
Arno Allan Penzias
1933~
미국

로버트 우드로 윌슨
Robert Woodrow
Wilson
1936~
미국

✏️ | **연구 및 개요**

빅뱅의 흔적, 우주 배경 복사 발견 | 1978 | 기초 |

연구소의 관측용 안테나가 잡아낸 전자파를 분석하여 우주 배경 복사를 발견했다. 우주 배경 복사는 빅뱅이 일어난 이후 우주를 채운 소립자가 모이기 시작하면서 똑바로 직진하지 못했을 당시 빛의 흔적이다.

138억 년 전 우주에서 온 메시지

우리가 지금 사는 우주는 약 138억 년 전에 태어났습니다. 처음에는 소립자가 단단히 뭉쳐 있던 뜨거운 불공 같은 상태였는데, 이것이 빅뱅의 시초라고 합니다. 우주는 급격히 팽창하면서 서서히 식어갔습니다. 소립자가 모여 양성자, 중성자, 원자가 만들어졌으며 약 37만 년이 지나고서야 빛은 직진할 수 있게 되었습니다. 이 시기를 '맑게 갠 우주' 또는 '재결합Recombination'이라고 합니다.

우주 배경 복사란?

우주의 온갖 방향에서 쏟아지는 빛

NASA 탐사선이 포착한 우주 배경 복사(흑백으로 변환)

ⓒNASA/WMAP Science Team

우주는 팽창하면서 서서히 식어갔다

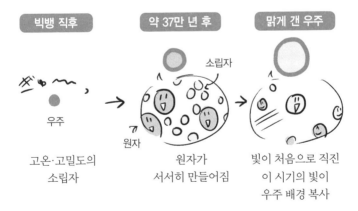

빅뱅 직후	약 37만 년 후	맑게 갠 우주
고온·고밀도의 소립자	원자가 서서히 만들어짐	빛이 처음으로 직진 이 시기의 빛이 우주 배경 복사

빅뱅의 흔적, 우주 배경 복사[29]

1965년, 아노 펜지어스와 로버트 우드로 윌슨은 맑게 갠 우주 시기에 우주를 채웠던 전자파인 우주 배경 복사Cosmic microwave background radiation, CMB를 발견했습니다. 우주의 모든 방향에서 온 전자파는 당시 가설에 불과했던 빅뱅의 증거가 되었습니다.

엄청난 노이즈에서 발견된 태초의 흔적

1948년, 물리학자 조지 가모프George Gamow(1904~1968)는 "빅뱅의 흔적인 전자파가 있을 것"이라고 예측했습니다.[30] 이 예측은 펜지 어스와 윌슨의 발견으로 17년 뒤에 현실로 나타났습니다.

두 사람은 연구소의 안테나를 테스트하던 도중 노이즈가 잡히 는 것을 확인했습니다. 노이즈라기에는 규모가 상당하고 모든 방 향에서 쏟아지고 있었지요. 규모를 확인해보니 절대온도 2.7켈빈 (K), 즉 섭씨 -270.45도의 물체가 내뿜는 전자파(흑체 복사)급이었 습니다. 규모로 보았을 때 이 전자파는 초고온, 초고밀도였던 우 주의 온도가 떨어질 당시에 방출되었으리라고 추측되었습니다.[31]

우주 배경 복사의 정체

펜지어스와 윌슨은 관측 결과를 물리학자 로버트 디키Robert Henry Dicke(1916~1997)에게 알렸습니다. 1965년에 디키는 우주 배경 복 사가 빅뱅 이후 탄생한 빛의 흔적임을 증명했습니다.

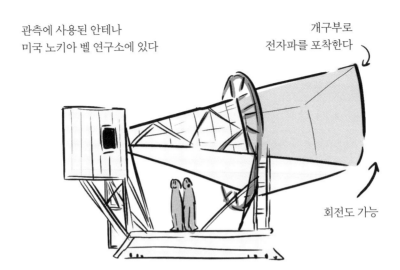

관측에 사용된 안테나
미국 노키아 벨 연구소에 있다

개구부로
전자파를 포착한다

회전도 가능

우주 배경 복사를 포착한 안테나

🔆 더 알고 싶어요!

또 다른 노벨상 수상자, 표트르 카피차

1978년의 노벨 물리학상은 세 명에게 주어졌습니다. 펜지어스와 윌슨 외에 또 다른 수상자는 당시 소련의 물리학자인 표트르 카피차Pyotr Leonidovich Kapitsa(1894~1984)입니다. 저온물리학 분야의 기초가 되는 발명과 발견으로 상을 받았지요.

카피차는 물체를 냉각하는 데 필요한 액체 헬륨의 대량생산에 성공했고, 액체 헬륨이 극저온일 때 나타나는 초유동 현상Superfluidity을 발견했습니다. 1955년부터는 인공위성 스푸트니크호 발사의 지휘도 맡았답니다.[32]

우주 배경 복사를 관측함으로써 우주에 관한 수많은 정보를 얻게 되었습니다. 우주 배경 복사가 발견된 이후로 정밀 관측이 이루어졌고, 우주의 나이는 물론 우주에 존재하는 물질이 어느 쪽으로도 치우치지 않고 균일하게 분포되어 있다는 사실을 알아냈습니다. 또한 아직 관측되지 않은 수수께끼의 물질인 암흑 물질의 밀도도 밝혀졌습니다.

정리

펜지어스와 윌슨은 안테나의 노이즈를 통해 맑게 갠 우주 시기에 방출된 전자파인 우주 배경 복사를 발견했다. 우주 배경 복사의 관측으로 우주의 나이와 구성 요소의 분포가 밝혀졌다.

우주 중성미자 검출

미지의 입자가 새로운 우주 이미지를 만든다!
우리 몸을 통과하는 새로운 소립자?

🏆 | **수상자**

레이먼드 데이비스
Raymond Davis Jr.
1914~2006
미국

고시바 마사토시
小柴昌俊
1926~2020
일본

✏️ | **연구 및 개요**

우주 중성미자를 관측한
우주물리학의 선구자
| 2002 | 기초 |

태양 중심부에서 핵융합이
일어날 때 만들어지는 중성
미자와 초신성이 폭발할 때
만들어지는 중성미자를 관측
하는 데 성공했다. 중성미자
를 통해 우주를 규명하는 새
로운 이론을 창시했다.

우주에 존재하는 수수께끼의 입자

우리가 사는 세상은 소립자라는 입자로 가득합니다. 중성미자도
그중 하나인데요. 처음으로 존재가 예견된 시기는 1931년입니다.
하지만 다른 물질에 거의 영향을 끼치지 않았던 탓에 관측하기가
어려웠지요. 사실은 매초 100조 개나 되는 중성미자가 우리의 몸
을 통과하고 있답니다. 레이먼드 데이비스는 액체 600톤[33]으로
태양에서 쏟아지는 중성미자를 관측하는 데 성공했습니다. 고시

소립자의 일종으로, 전하를 띠지 않으며
주위에 거의 영향을 미치지 않는다

neutral **+** ino **=** neutrino

전기적 중성　　　작다　　　중성미자

매초 100조 개의 중성미자가
우리 몸을 통과하고 있대요.

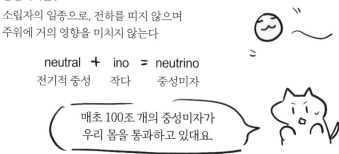

가미오칸데

일본 기후현 히다시 가미오카초에
있는 초거대 실험 장치

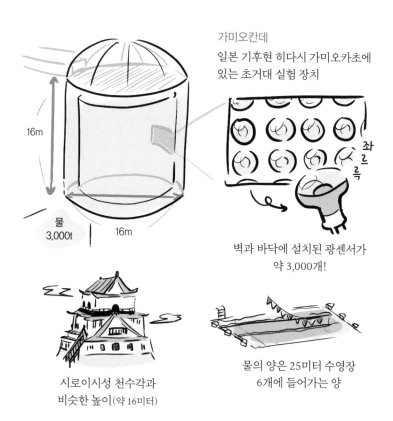

16m

물
3,000t

16m

좌
2
측

벽과 바닥에 설치된 광센서가
약 3,000개!

시로이시성 천수각과
비슷한 높이(약 16미터)

물의 양은 25미터 수영장
6개에 들어가는 양

중성미자 관측에 성공한 가미오칸데[34]

바 마사토시도 데이비스가 관측한 결과를 입증하는 한편, 초신성이 폭발할 때 만들어지는 중성미자까지 관측했습니다.

중성미자가 알려주는 우주물리학의 원리

중성미자는 원자끼리 융합해서 새로운 원자가 만들어지는 핵융합 현상이나, 별이 죽을 때 발생하는 초신성 폭발 현상이 일어날 때 만들어집니다. 중성미자를 관측하면 핵융합이 일어나고 있는 태양의 내부나 초신성 폭발의 원리를 알 수 있으므로 이를 관측하는 것은 우주물리학에서 중요한 일이랍니다.

보이지 않는 입자를 관찰하는 초거대 실험 장치

1965년, 데이비스는 석탄을 채굴하기 위해 판 구멍에 600톤이나 되는 액체를 채워서 태양에서 쏟아지는 중성미자를 30년 동안 2,000개 관측했습니다. 하지만 예측했던 것보다 수가 적었기에, 이론으로 예측할 수 없는 현상이 일어나고 있는 것이 아닐까 의문이 들었습니다. 1987년, 고시바는 가미오칸데라는 16미터 높이의 원통형 장치에 약 3,000톤의 물을 채워 태양에서 쏟아지는 중성미자를 관측하는 데 성공했습니다.[35] 데이비스의 결과를 뒷받침하는 자료를 얻은 것이지요. 그리고 초신성이 폭발할 때 만들어지는 중성미자 11개를 관측하는 데도 성공했습니다.[36]

① 중성미자가 물 분자의
원자핵과 전자에 충돌한다

② 중성미자 때문에 튀어나온
전자와 뮤 입자가 빛을 방출한다

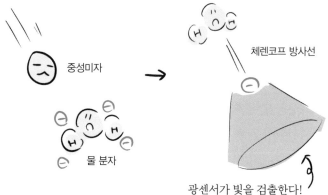

중성미자

물 분자

체렌코프 방사선

광센서가 빛을 검출한다!

가미오칸데로 중성미자를 관측하는 방법

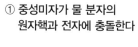

중성미자를 밝혀내려는 이들의 노력

오랫동안 중성미자의 질량은 0으로 알려졌지만, 1998년에 슈퍼 가
미오칸데라는 장치로 중성미자를 관측한 결과 중성미자도 질량이
있다는 사실이 밝혀졌습니다. 이 슈퍼 가미오칸데를 건설하고 중
성미자의 질량을 발견한 데에는 고시바 연구실 출신 연구원의 힘
이 컸습니다.

천문학의 새로운 시대가 열리다

중성미자가 발견되기 전의 천문학은 우주에서 쏟아지는 전자파를 연구하는 학문이었습니다. 그런 천문학 연구에 중성미자가 더해진 것이지요. 앞으로 우리가 상상도 못 했던 새로운 우주의 모습이 밝혀질지도 모릅니다.

정리

데이비스와 고시바는 각각 태양 내부의 핵융합과 초신성 폭발로 만들어진 중성미자를 관측했다. 이들은 중성미자 천문학이라는 분야를 창설하여 사람들에게 새로운 우주의 전망을 보여주었다.

지구온난화는 어떻게 예측할까?

🏆 | 수상자

슈쿠로 마나베
眞鍋淑郎
1931~
미국

클라우스 하셀만
Klaus Hasselmann
1931~
독일

✏️ | 연구 및 개요

지구온난화를 신뢰도 높은 방법으로 예측
| 2021 | 기초 |

지구의 기후를 간단한 모델로 나타내어, 이산화탄소 농도가 증가하면 기온이 올라간다는 사실을 시뮬레이션으로 예측했다. 기후 모델의 신뢰성을 담보하는 방법을 개발하기도 했다.

복잡한 지구의 기후를 예측하는 법

우리 주변에는 많은 요소가 서로 영향을 끼치고 불규칙적으로 작용하기도 합니다. 인간 사회와 지구의 기후도 그렇습니다. 물리학에서는 이를 '복잡계Complex system'라고 하며, 원리를 규명하고 작용을 예측하려고 시도하고 있습니다.

슈쿠로 마나베는 1960년대에 지구의 기후를 나타내는 모델을 개발하여 지구온난화를 예측하는 데 성공했습니다. 그리고 클라

마나베의 기후 모델

지표면이 얻는 에너지의 변동과 공기·수증기의 관계를 나타냈다

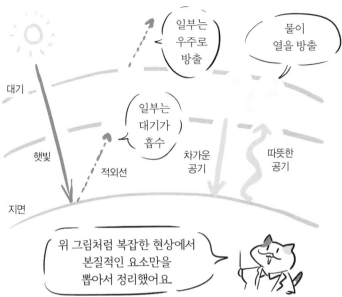

일부는
우주로
방출

물이
열을 방출

대기

일부는
대기가
흡수

차가운
공기

따뜻한
공기

햇빛

적외선

지면

위 그림처럼 복잡한 현상에서
본질적인 요소만을
뽑아서 정리했어요.

마나베의 기후 모델을 개량해서 시뮬레이션하면

이산화탄소 농도가 두 배가 되면

지구의 평균 온도가
섭씨 2.93도 상승한다!

→ 지구온난화를 예측

마나베의 기후 모델[37]

우스 하셀만은 1970년대에 인간의 활동이 기후에 끼치는 영향을 추적하여 기후 모델의 신뢰성을 증명했습니다.[38]

기후 모델을 만드는 이유

지구의 대기는 복잡계의 관점으로 생각할 수 있어요. 대기와 기후를 연구하려면 대기와 지표면을 데우는 태양, 지구에서 일어나는 대류 현상, 지표면에서 우주로 에너지를 전달하는 적외선처럼 다양한 요소에서 본질적인 부분만을 골라내어 모델로 만들어야 합니다.

기후 모델로 지구의 온도 상승을 예측한다

1967년, 마나베는 높이에 따른 기온을 재현하는 데 성공했습니다. 전 지구적으로 일어나는 운동인 대기 대순환은 물론 육지와 바다의 분포를 고려한 이 모델에서는 기온에 따라 남북극의 눈과 얼음이 늘었다가 줄어들기도 했습니다. 이산화탄소의 농도가 달라졌을 때의 기온 변화를 계산한 결과, 이산화탄소 농도가 당시 평균 농도의 두 배가 되면 평균 기온은 섭씨 2.93도, 위도가 높은 지역에서는 기온이 큰 폭으로 상승하리라고 예측할 수 있었지요.[39]

　그로부터 10년 뒤 하셀만은 인간 활동의 자취(지문)가 지구의 기후에 미치는 영향을 확인하는 방법을 개발했습니다. 최적 지문

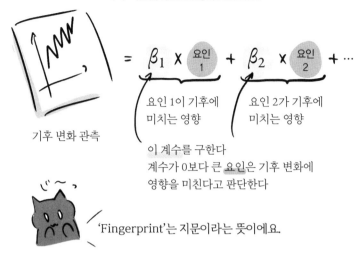

최적 지문법 Optimal fingerprint method

$$\text{기후 변화 관측} = \beta_1 \times \boxed{\text{요인 1}} + \beta_2 \times \boxed{\text{요인 2}} + \cdots$$

요인 1이 기후에
미치는 영향

요인 2가 기후에
미치는 영향

기후 변화 관측

이 계수를 구한다
계수가 0보다 큰 요인은 기후 변화에
영향을 미친다고 판단한다

'Fingerprint'는 지문이라는 뜻이에요.

인간 활동의 자취를 읽어내는 하셀만의 최적 지문법

법은 인간 활동과 다른 요소를 결합한 모델로, 이것으로 기온 변화를 계산하면 실제로 관측된 수치와 거의 일치했습니다.

전 세계에서 일어나고 있는 이상기후

마나베가 개발한 기후 모델은 지구온난화가 북극에서 심하게, 남극에서 약하게 나타나는 대비 현상을 비롯하여 관측한 기후 변화 현상을 실제에 가깝게 재현했습니다. 이후 많은 과학자가 이용하는 기후 모델의 바탕이 되었습니다.

1990년경 찜통더위를 비롯한 이상기후가 나타나기 시작하면서 지구온난화가 전 세계의 관심을 받게 되었고, 세계 각국에서는 대책을 세워야 한다는 긴장감이 높아졌습니다. 그전에 마나베와 하셀만 두 사람이 지구의 기후라는 복잡한 현상을 과학으로 설명하고 객관적인 수치로 나타낸 덕분에 지구온난화의 이미지를 많은 사람이 공유할 수 있게 되었습니다.

정리

마나베는 지구의 기후를 정확히 재현하는 물리 모델을 만들었고, 하셀만은 인간 활동의 자취를 확인하는 방법을 개발했다. 신뢰도 높은 방법으로 많은 사람이 지구온난화를 머릿속에 그릴 수 있도록 나타냄으로써 전 세계에 영향을 미쳤다.

노벨 수학상은 없을까?

노벨상은 여러 부문에 걸쳐 시상합니다. 일반적으로 생리학·의학상, 물리학상, 화학상, 경제학상, 평화상, 문학상의 여섯 부문이 있지요. 의학, 물리학, 화학처럼 자연과학 분야에 상을 준다면 수학상도 있지 않을까 하는 의문이 들지만 사실 노벨 수학상은 없습니다. 대신 수학계에는 필즈상Fields medal이라는 상이 있습니다. 수학계의 노벨상으로 불리는 필즈상은 수학에서 뛰어난 활약을 보인 사람에게 주어지지요. 창설자인 캐나다의 수학자 존 찰스 필즈John Charles Fields(1863~1932)의 이름을 딴 상이랍니다. 필즈상 시상식은 4년에 한 번 열리는데, 다음 시상식이 손꼽아 기다려지네요.

시상식 만찬의 연설

노벨상 시상식은 12월 10일에 열립니다. 알프레드 노벨의 기일이지요. 그리고 시상식장은 노벨의 고향인 스톡홀름 청사(노벨 평화상은 노르웨이의 수도 오슬로의 청사)입니다. 스웨덴 왕실과 정부, 학술계의 저명한 인사들이 참석하는데, 참석자 수가 거의 1,300명에 이른답니다.

시상식 발표가 끝나면 만찬회에서 수상자가 연설하는 자리도 있습니다. 일본의 문호 가와바타 야스나리는 1968년 노벨 문학상을 받았을 당시 일본 전통 의상을 입고 연설했다고 하지요.

수상자의 연설 중 일부는 노벨상 사이트(https://www.nobelprize.org/)에서 동영상이나 문장의 형태로 확인할 수 있습니다. 만찬회의 분위기를 조금이나마 맛볼 수 있을지도 모르겠네요.

3장

노벨 화학상

화학은 물질의 구성과 성질, 물질 사이의 반응을

연구하는 자연과학 분야입니다.

노벨 화학상을 받은 연구에서

혁신적인 물질과 합성법, 반응을 이용하는 방법을

알아볼 수 있습니다.

우리의 생활과도 맞닿아 있는 화학의 세계를

함께 살펴볼까요?

이 연구가 없었다면 커피 음료도 없었다고?

에밀 피셔
Emil Fischer
1852~1919
독일

✏️ | 연구 및 개요

당·퓨린 유도체 인공 합성 | 1902 | 기초 |
원래 정제하기 어려웠던 당을 페닐하이드라진과 반
응시키면 간단하게 합성할 수 있음을 발견했으며 당
의 구조와 조성을 밝혔다. 그리고 생체 내 화합물은
모두 퓨린Purine이라는 공통된 물질로 만들어진다는
것을 발견했으며 퓨린을 인공적으로 합성하는 데 성
공했다.[1]

생물의 몸을 이루는 성분을 연구하는 학문

생물의 몸에 들어 있는 성분을 연구하여 성분 사이의 관계와 화학
반응을 알아내는 분야를 생화학(생물화학)이라고 합니다. 1902년
에 노벨 화학상을 받은 연구자는 생화학의 아버지로 불리는 화학
자[2,3] 에밀 피셔입니다.

　피셔는 생화학 분야의 중요한 요소이자 인공적으로 합성하기
어려웠던 당과 퓨린 유도체라는 화합물을 연구했습니다. 커피에

당이란?

탄소와 수소의 화합물로 생물의 에너지원
단당류라는 단위 분자가 연결된 형태다

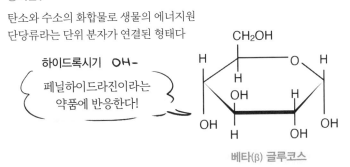

하이드록시기 OH-

페닐하이드라진이라는
약품에 반응한다!

베타(β) 글루코스

실험으로 당의 구조를 알아냈고 인공 합성에도 성공했다

퓨린 유도체란?

퓨린에서 만들어진 화합물의 총칭
생물이 대사하는 과정에서 만들어진다

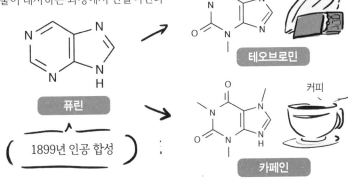

카카오

테오브로민

퓨린

1899년 인공 합성

커피

카페인

화합물의 관계를 알고 나니 합성도 가능해졌다!

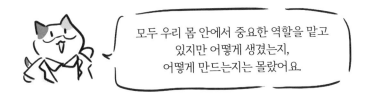

모두 우리 몸 안에서 중요한 역할을 맡고
있지만 어떻게 생겼는지,
어떻게 만드는지는 몰랐어요.

당의 인공 합성과 퓨린의 발견

들어 있는 카페인과 카카오에 들어 있는 테오브로민도 퓨린 유도
체입니다. 피셔는 당의 구조를 알 수 있는 물질과 퓨린 유도체의
공통된 부모나 다름없는 물질을 발견함으로써 인공적으로 합성
하는 데 성공했습니다.

베일에 싸여 있던 물질의 정체

당은 에너지원이고 퓨린 유도체는 대사에 필요한 물질이므로 둘
다 생물에게 중요한 화합물입니다. 하지만 전체적인 구조는 오랫
동안 수수께끼에 싸여 있었고, 인공적으로 합성하기도 어렵다고
생각했어요.

당과 퓨린 유도체, 최초의 인공 합성

1881년, 피셔의 연구 대상은 요산이었습니다. 피셔는 요산을 비롯
하여 많은 생체 물질이 같은 화합물에서 변형되어 만들어졌다는
사실을 알아냈습니다. 그리고 1899년에 부모나 다름없는 이 화합
물을 최초로 합성해서 '퓨린'이라고 명명했습니다. 이후 1900년까
지 피셔는 퓨린을 변형하여 만든 물질인 퓨린 유도체를 약 130종
가량 연구했습니다. 그리고 퓨린 유도체의 구조를 밝혀내어 합성
하는 데도 성공했습니다.

　1884년 피셔는 당에 관한 연구도 시작했습니다. 페닐하이드라

진($C_6H_8N_2$)이라는 약품이 당의 하이드록시기(-OH)라는 부위와 반응한다는 사실을 발견하여 당의 구조를 밝히는 데 유용한 물질임을 증명했습니다. 나아가 실험을 통해 글루코스를 비롯한 당의 구조를 알아냈으며 새로운 당을 인공 합성하는 데도 성공했습니다.

합성 기술이 없었다면 커피 음료도 없었다?

피셔의 합성법은 약리 작용을 하는 퓨린 유도체를 공업적으로 생산할 때 유용했습니다. 퓨린 유도체를 거의 연구하지 않았을 당시에 피셔가 길을 개척한 셈이지요.

오늘날에도 활용되는 피셔의 기초 연구

피셔는 당과 카페인을 합성하는 데 성공했습니다. 만약 그가 성공하지 못했다면 지금 우리는 에너지 음료처럼 인공 감미료가 들어간 카페인 음료를 마실 수 없었을지도 모릅니다.

정리

피셔는 생물의 활동에 중요한 당과 퓨린 유도체의 구조를 밝히고 합성하는 데 성공했다. 그는 생화학 분야를 개척했을 뿐만 아니라 약과 음료수의 제조에도 큰 영향을 주었다.

식료품 생산을 바꾼 화학 반응!
공기로 빵을 만들었다고?

프리츠 하버
Fritz Haber
1868~1934
독일

암모니아 인공 합성법 발명 │ 1918 │ 응용 │

효율적으로 수소와 질소를 반응시켜 암모니아를 합성하는 방법인 하버-보슈법Haber-Bosch process을 발명했다. 공기를 이루는 기체 중 대부분이 질소지만 식물은 공기에서 직접 질소를 흡수할 수 없고 암모니아 같은 화합물에서 질소를 흡수한다. 이 암모니아를 합성하는 방법을 개발해 농경지에 영양분을 줄 수 있게 되었고 식량 생산에 이바지했다.

3
노벨 화학상

식물이 영양분을 만들려면

식물은 질소를 비롯한 여러 원소를 영양분 삼아 자랍니다. 질소는 대기의 약 80퍼센트를 차지하지만 식물은 대기 중의 질소를 그대로 흡수할 수 없습니다. 일단 다른 원소와 결합해서 암모니아(NH_3) 같은 화합물의 형태가 되어야 비로소 영양분으로 사용할 수 있지요. 프리츠 하버가 연구를 시작한 1904년, 암모니아의 인공 합성은 화학계에서도 불가능하다고 생각한 과제였습니다.[4]

대기를 구성하는 기체 중 질소의 비율

하버-보슈법

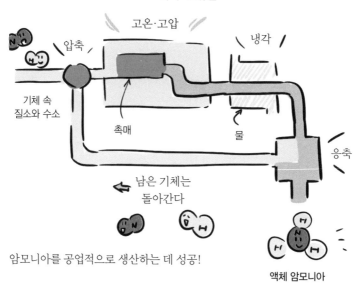

암모니아를 공업적으로 생산하는 데 성공!

암모니아를 합성하는 하버 – 보슈법

하지만 하버는 1909년에 175기압, 섭씨 550도라는 고온·고압의 조건에서 한 시간에 80그램의 액체 암모니아를 합성하는 데 성공했습니다. 같은 해에 카를 보슈Carl Bosch(1874~1940)는 고온·고압 상태를 제어하는 기술과 화학 반응 속도를 빠르게 하는 촉매를 이용해서 효율적으로 암모니아를 합성하는 방법인 하버-보슈법을 완성했습니다.

스스로 반응하지 않는 질소

질소 분자는 산소 분자와 달리 굉장히 안정적인 물질이어서 상온에서 스스로 반응하는 일이 거의 없습니다. 수소와 반응시킬 때도 막대한 전기 에너지가 필요했기에 암모니아를 공업적으로 생산하는 데는 어려움이 따랐어요.

고온·고압과 촉매의 힘으로 암모니아를 생산하다

하버는 기업의 의뢰를 받고 고온에서의 암모니아 합성 실험을 진행했습니다. 이 실험 결과를 두고, 앞서 연구했던 화학자 발터 네른스트Walther Hermann Nernst(1864~1941)는 암모니아의 생성량이 지나치게 많다고 비판했습니다. 이후 하버는 네른스트의 조언에 따라 고압 조건에서 실험을 진행했고, 공업적으로 생산할 수 있는 규모의 암모니아를 얻는 데 성공했습니다.

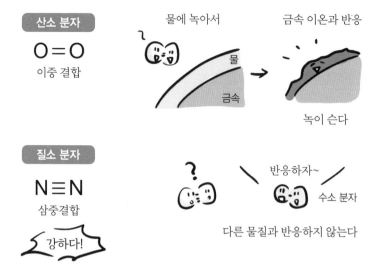

산소 분자

O=O
이중 결합

물에 녹아서

금속 이온과 반응

물

금속

녹이 슨다

질소 분자

N≡N
삼중결합

강하다!

?

반응하자~

수소 분자

다른 물질과 반응하지 않는다

왜 질소는 잘 반응하지 않을까?

☀ 더 알고 싶어요!

경제를 살리기 위해 필요했던 암모니아 합성

영국에서 산업혁명이 일어난 이후 유럽 인구가 급격히 증가하면서 식재료도 더 많이 생산해야 했습니다. 하지만 산지에서 먼 지역까지 농산물을 대량으로 운송해야 했기에 농산물의 성장에 필요한 농경지의 영양은 계속 빠져나갔지요. 암모니아 합성법이 개발된 덕에 농경지에 영양분을 공급하고 식재료의 생산량을 늘려 경제와 사회를 지탱할 수 있었습니다.

하버는 그 뒤로 독일의 화학 기업 바스프BASF 사와 공동 연구를 시작했습니다. 바스프의 연구원 알윈 미타시Paul Alwin Mittasch (1869~1953)는 2,500종의 촉매로 6,500회 실험하면서[5·6] 최적의 금속 촉매를 발견해냈습니다. 마찬가지로 바스프에서 근무하던 보슈는 이 촉매를 사용해서 섭씨 500~600도, 300기압이라는 고온·고압 조건에서 질소와 수소를 반응시켰습니다. 1913년에는 연간 8,700톤[7]의 암모니아를 생산하는 데 성공했습니다.

하버-보슈법, 인류의 식생활에 공헌하다

1918년 당시 바스프 사가 하버-보슈법으로 합성한 암모니아의 양은 연간 18만 톤[8]이었습니다. 하버-보슈법이 암모니아의 주요 합성법으로 자리 잡으면서 대량생산의 시대가 열렸습니다. 암모니아는 화학 비료의 원료로 쓰여 밀을 비롯한 식물의 영양분이 되었고 인류의 식량 생산에 큰 도움을 주었습니다.

정리

하버가 하버-보슈법을 발명한 덕에 이전까지 합성하기 어려웠던 암모니아를 효율적으로 합성할 수 있게 되었다. 하버-보슈법은 농경지에 영양을 공급하고 식량 생산을 뒷받침한 과학 기술이다.

마치 축구공 같아! 탄소의 새로운 형태라고?

🏆 | 수상자

로버트 컬
Robert Floyd Curl Jr.
1933~2022
미국

헤럴드 크로토
Harold Kroto
1939~2016
영국

리처드 스몰리
Richard E. Smalley
1943~2005
미국

✏️ | 연구 및 개요

탄소 동소체, 풀러렌 발견 | 1996 | 기초 |

1970년에 예측되었던 탄소의 동소체인 풀러렌을 합성하는 데 성공했다. 탄소에 레이저 빔을 쏴서 기체 상태로 압축된 탄소가 60개 연결된 구조의 분자를 만들었다. 수상자들은 이 분자가 공처럼 생겼으리라고 추정했다.

탄소로 만든 축구공, 풀러렌

같은 원소로 이루어졌지만 구조가 다른 물질을 동소체Allotropy라고 합니다. 연필심도 탄소의 동소체입니다. 정식 명칭은 흑연인데,

풀러렌(C_{60})

탄소 동소체의 일종
60개의 탄소 원자가
축구공 형태로 공유 결합한 분자

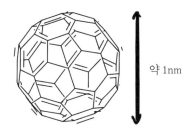

약 1nm

실험 중 우연히 풀러렌을 발견

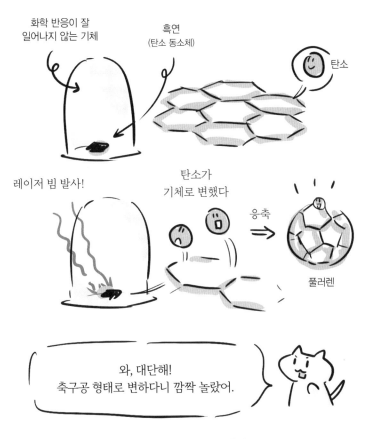

화학 반응이 잘
일어나지 않는 기체

흑연
(탄소 동소체)

탄소

레이저 빔 발사!

탄소가
기체로 변했다

응축

풀러렌

와, 대단해!
축구공 형태로 변하다니 깜짝 놀랐어.

우연히 합성된 풀러렌

탄소 원자로 이루어진 육각형 면을 차곡차곡 쌓은 구조이지요. 다이아몬드도 탄소의 동소체로, 탄소가 규칙적으로 배열된 결정 구조입니다.

　로버트 컬, 헤럴드 크로토, 리처드 스몰리 세 명은 1985년에 흑연과 다이아몬드의 뒤를 잇는 탄소 동소체 풀러렌Fullerene을 발견했습니다. 축구공을 쏙 빼닮았지만 지름은 1나노미터밖에 되지 않는 분자입니다.

풀러렌은 누가 발견했을까?

1970년에 이미 풀러렌을 예측한 사람이 있습니다. 바로 당시 교토 대학에 재직 중이던 유기화학자 오사와 에이지大澤映二(1935~)입니다.[9·10] 풀러렌은 천문학 실험을 하던 도중 합성되었다는데, 한번 알아볼까요?

우연히 탄생한 아름다운 분자

크로토는 별의 대기나 성간 가스(별과 별 사이의 공간 대부분을 차지하는 기체 — 옮긴이 주)에 탄소와 질소로 이루어진 긴 분자가 들어 있다는 사실을 발견하고, 이 분자가 어떻게 만들어졌는지에 흥미를 느꼈습니다. 그래서 원자와 분자의 집합체를 연구하던 스몰리에게 연락했지요. 당시 스몰리는 컬과 공동으로 연구를 진행하던 중

풀러는 그물 모양 돔으로 둘러싸인 건물인
지오데식 돔Geodesic dome을 설계했다

리처드 버크민스터 풀러

풀러가 설계한 지오데식 돔

이었습니다.[11]

1985년 크로토, 스몰리, 컬 세 과학자는 탄소 표면에 레이저 빔을 쏴서 탄소를 기화시켰습니다. 기화한 탄소를 분석해보니 우연히도 탄소가 응축되어 탄소 원자 60개가 공유 결합한 분자가 만들어졌습니다. 하지만 당시에는 그 분자의 구조까지는 밝혀낼 수 없었지요.

세 사람은 이 분자가 육각형 20개와 오각형 12개가 맞물린 축구공 같은 형태일 거라고 예측했습니다. 그리고 건축가이자 수학자인 리처드 버크민스터 풀러Richard Buckminster Fuller(1895~1983)가

지은 건축물과 비슷한 형태였기에 이 분자를 '버크민스터풀러렌 Buckminsterfullerene'이라고 명명했습니다. 이 성과는 약 2개월 뒤 전 세계에서 가장 권위 있는 과학 학술지 중 하나인 《네이처Nature》에 게재되었습니다.

풀러렌을 향한 과학자들의 관심

풀러렌의 구조를 밝혀내기 위해 전 세계의 과학자들이 풀러렌을 분리하는 데 매달렸습니다. 마침내 1990년, 볼프강 크라치머 Wolfgang Krätschmer(1942~)와 도널드 허프먼Donald Huffman(1935~)이 구조를 밝히는 데 성공했습니다. 풀러렌의 구조는 컬, 크로토, 스몰리가 추측했던 그대로였지요.

풀러렌이 보여주는 미래 인류의 삶

풀러렌은 분자 내부에 원자나 이온을 담을 수 있습니다. 그렇게 만들어진 신소재는 전자를 효율적으로 회수하거나 의약품 합성에 이용되는 반응의 속도를 높이는 등 풀러렌에는 없는 성질을 가지고 있지요. 태양 전지와 의약품 개발 등에 응용하는 미래도 기대됩니다.

정리

1970년부터 예측된 물질인 풀러렌은 이후 세 명의 과학자에 의해 우연히 발견되었다. 풀러렌은 탄소로 이루어진 축구공 같은 분자로 공학, 약학 등 광범위한 분야에 응용되며 신소재 개발 및 연구에도 유용하게 쓰인다.

평면해파리는 어떻게 빛날까?

🏆 | 수상자

시모무라 오사무
下村脩
1928~2018
일본

마틴 챌피
Martin Chalfie
1947~
미국

로저 첸
Roger Yonchien Tsien
1952~2016
미국

✏️ | 연구 및 개요

녹색 형광 단백질 발견 및 응용 | 2008 | 기초 |

평면해파리에서 녹색 형광을 띠는 단백질을 발견했다. 이 단백질을 생체 내 단백질에 붙이면 그전까지 눈으로 볼 수 없던 분자의 분포와 성장을 관찰할 수 있다. 단백질을 눈으로 볼 수 있게 되면서 생화학과 의학이 발전했다.

평면해파리가 빛을 내는 원리

2008년의 노벨 화학상은 해파리를 연구한 과학자들에게 주어졌습니다. 이들이 연구한 동물은 평면해파리라는 종입니다. 자극을

평면해파리

자극을 받으면 빛나는 해파리
발광하는 구조가 다른 생물과 달라
명확하게 밝혀지지 않았다

빛나는 원인은 녹색 형광 단백질

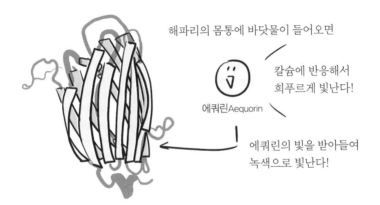

해파리의 몸통에 바닷물이 들어오면

칼슘에 반응해서
희푸르게 빛난다!

에쿼린Aequorin

에쿼린의 빛을 받아들여
녹색으로 빛난다!

단백질을 빛이 나는 표지로 활용

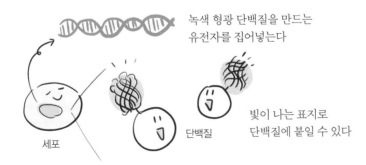

녹색 형광 단백질을 만드는
유전자를 집어넣는다

빛이 나는 표지로
단백질에 붙일 수 있다

단백질

세포

의학·생화학에서 질병과 생명 현상을 이해하도록 이끌었다!

해파리에서 발견한 녹색 형광 단백질[12]

받으면 스스로 희푸르게 발광하는 동물이지요. 하지만 어떻게 빛나는지, 그 메커니즘은 밝혀진 바가 없었습니다.

시모무라 오사무는 평면해파리에서 녹색 형광을 내는 단백질, 즉 녹색 형광 단백질Green fluorescent protein, GFP을 발견했습니다. 이 단백질이 칼슘 이온(Ca^{2+})과 반응해서 발광하는 것이었지요. 마틴 챌피는 생물의 몸속을 조사할 때 녹색 형광 단백질을 표지 단백질 Tag protein(생체 내 분자에 붙여 그 분자의 변화를 시각적으로 확인하는 데 쓰이는 단백질 — 옮긴이 주)로 활용할 수 있음을 증명했고, 로저 첸은 녹색 이외의 다양한 색을 만드는 데 성공했습니다.

상식을 깨뜨린 발광 물질

1961년[13] 시모무라는 평면해파리 연구를 시작했습니다. 당시 사람들은 반딧불이나 갯반디처럼 평면해파리도 루시페린Luciferin이라는 발광 물질이 루시페레이스Luciferase라는 효소를 만나 화학 반응을 일으켜서 빛난다고 생각했습니다.

하지만 아무리 살펴도 평면해파리에게서 루시페린을 찾을 수 없었습니다. 연구에 연구를 거듭한 결과 시모무라는 마침내 빛나는 단백질, 즉 녹색 형광 단백질을 발견했습니다. 평면해파리로부터 단백질만을 분리하는 데 성공한 것이지요.

이 성과를 이어받은 챌피는 녹색 형광 단백질을 생체 내 분자에 붙였고, 발광 표지로 쓸 수 있음을 증명했습니다. 덕분에 이전에는 볼 수 없었던 분자의 위치나 움직임을 알 수 있게 되었습니다.

녹색 형광 단백질의 화학 반응을 밝혀내다

이후 첸은 녹색 형광 단백질의 입체 구조는 물론 빛이 나는 화학 반응 과정을 밝혀냈습니다. 이 성과를 응용하여 녹색 이외의 색을 만드는 데도 성공했지요.

빛나는 단백질로 생명 현상을 관찰하다

녹색 형광 단백질을 이용하면 세포를 망가뜨리지 않고도 안에 들어 있는 다양한 단백질을 볼 수 있습니다. 의학과 생화학 같은 분야에서는 질병 및 생명 현상을 이해하기 위해 이 단백질을 폭넓게 활용하고 있습니다.

💡 더 알고 싶어요!

발광 생물의 세계

스스로 빛을 내뿜는 생물을 발광 생물이라고 합니다. 평면해파리, 반딧불이, 화경솔밭버섯이라는 버섯도 모두 이에 해당하지요. 발광 생물은 몸 안에서 화학 반응을 일으켜 빛을 만듭니다. 화학 반응을 일으키는 물질이나 빛나는 부위는 저마다 다른데, 빛을 내뿜는 목적 또한 아직 수수께끼에 싸인 생물이 많답니다.

발광 생물

스스로 빛을 내는 생물로 몸 안에 발광 물질이 있다

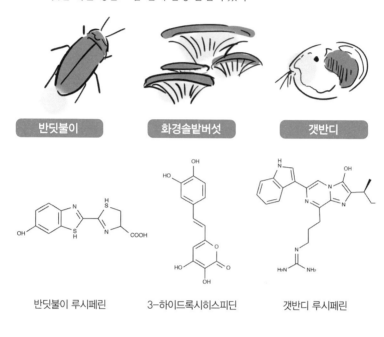

반딧불이

화경솔밭버섯

갯반디

반딧불이 루시페린   3-하이드록시히스피딘   갯반디 루시페린

다양한 발광 생물과 루시페린

정리

시모무라는 1961년에 평면해파리로부터 녹색 형광 단백질을 분리하는 데 성공했다. 이후 챌피는 녹색 형광 단백질을 발광 표지로 응용했으며, 첸은 이 단백질의 구조와 발광의 메커니즘을 규명하여 다양한 색의 발광 표지를 생체 내에서 이용할 길을 개척함으로써 의학과 생화학에 이바지했다.

팔라듐 촉매 교차 커플링 반응 발견

약이나 액정에 꼭 필요한 반응!
결합하려는 성향이 약한 탄소끼리 결합하려면?

🏆 | 수상자

리처드 F. 헤크
Richard Frederick Heck
1931~2015
미국

네기시 에이이치
根岸英一
1935~2021
일본

스즈키 아키라
鈴木章
1930~
일본

✏ | 연구 및 개요

유기 합성에 쓰이는 팔라듐 촉매 교차 커플링 반응 발견 | 2010 | 응용 |

팔라듐을 촉매로 쓰는 교차 커플링 반응을 발견했다. 이 반응을 활용하면 부산물을 적게 만들면서 탄소끼리 효율적으로 결합시킬 수 있다. 복잡한 화합물을 인공적으로 합성하는 고급 기술이며 화학의 가능성을 넓힌 발견이기도 하다. 연구뿐만 아니라 생산 현장에서도 두루 쓰인다.

화합물을 자유자재로 만드는 방법

텔레비전 액정 화면과 의약품은 모두 탄소 골격이 있는 유기물입니다. 복잡한 유기물을 합성하려면 탄소끼리 결합해야 합니다. 하

3
노벨 화학상

탄소끼리는 잘 결합하지 않는다

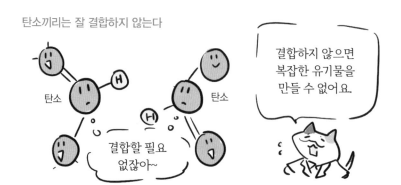

팔라듐 촉매를 이용한 탄소-탄소 결합

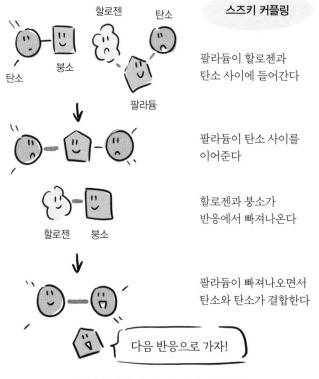

스즈키 커플링

팔라듐이 할로젠과
탄소 사이에 들어간다

팔라듐이 탄소 사이를
이어준다

할로젠과 붕소가
반응에서 빠져나온다

팔라듐이 빠져나오면서
탄소와 탄소가 결합한다

팔라듐 촉매에 의한 교차 커플링 반응

지만 화합물을 이루는 탄소 원자는 안정성이 높아서 탄소끼리 결합하는 일이 거의 없고, 결합하더라도 대량으로 만들어지는 부산물을 처리해야 하는 문제가 기다리고 있지요.

리처드 F. 헤크, 네기시 에이이치, 스즈키 아키라, 이 세 과학자가 팔라듐을 촉매로 사용하여 탄소끼리 효율적으로 결합하는 데 성공했습니다. 한쪽 탄소 원자에 붕소 원자 또는 아연 원자를, 다른 한쪽의 탄소 원자에는 할로젠 원자를 결합합니다. 팔라듐은 분자 사이를 잇는 매개체가 되는데, 최종적으로는 탄소에서 떨어져 나가면서 탄소끼리 결합이 만들어집니다.

교차 커플링 반응

두 분자가 결합하는 반응을 '커플링 반응Coupling reaction'이라고 하며, 그중 서로 다른 두 분자가 결합하는 반응을 '교차 커플링 반응Cross-coupling reaction'이라고 합니다. 여기서 소개하는 화학 반응은 서로 다른 두 분자가 결합하는 교차 커플링 반응에 해당합니다.

탄소와 탄소가 결합하려면

헤크는 1972년에 팔라듐 촉매에 의한 교차 커플링 반응을 일으키는 데 성공했습니다. 같은 해에 스즈키는 실용적인 교차 커플링 반응을 완성했고, 1977년 네기시가 아연을 이용해 팔라듐 촉매 교차 커플링 반응을 일으킬 수 있다는 사실을 발견했습니다.[14] 세 사람이 각각 사용한 원자는 달랐지만 일으킨 반응은 같았습니다. 여기서는 스즈키가 완성한 교차 커플링 반응의 과정을 소개할게요.

결합할 두 탄소 원자 중 한쪽에는 붕소 원자를, 다른 한쪽에는 할로젠 원자를 결합합니다. 그러면 할로젠 원자와 결합한 탄소 원자는 팔라듐과 반응해서 탄소-팔라듐-할로젠 순으로 결합합니다. 여기에 붕소 원자가 결합한 탄소 원자가 가까이 오면 붕소-할로젠, 탄소-팔라듐-탄소 결합이 각각 만들어집니다. 마지막으로 팔라듐이 결합에서 빠져나오면 탄소-탄소 결합이 완성됩니다.[15]

팔라듐의 역할

교차 커플링 반응에서 매개체 역할을 했던 팔라듐은 다시 할로젠이 결합한 탄소와 반응하고, 차례차례 탄소와 결합합니다. 반응 전후로 변하지 않고 반응 속도를 높이는 촉매로 작용하지요.

우리의 일상을 바꾼 탄소 결합

교차 커플링 반응은 연구뿐만 아니라 텔레비전 화면의 액정이나 의약품처럼 우리 주변에서 흔히 볼 수 있는 물건들을 만들 때도 종종 쓰입니다. 교차 커플링 반응은 복잡한 유기물을 합성할 수 있게 도와주어 우리의 생활을 크게 바꿨답니다.

액정

유기 발광 소자

식물의 질병을
예방하는 살균제

의약품
(항암제·혈압약)

태양 전지 재료
(연구 개발 중)

교차 커플링 반응으로 만들어지는 다양한 제품

정리

헤크, 네기시, 스즈키는 팔라듐을 촉매로 한 교차 커플링 반응을 발견했다. 이후 효율적으로 탄소끼리 결합하여 복잡한 유기물을 합성할 수 있게 되었다.

세포를 최대한 살아 있는 상태로 자세하게 보려면?

🏆 | 수상자

자크 뒤보셰
Jacques Dubochet
1942~
스위스

요아힘 프랑크
Joachim Frank
1940~
미국

리처드 헨더슨
Richard Henderson
1945~
영국

✏ | 연구 및 개요

저온 전자 현미경으로 관찰하는 기술 개발 | 2017 | 기술 |

저온 전자 현미경의 개발로 액체 속의 생체 분자를 3차원 이미지로 촬영할 수 있게 되었다. 촬영한 2차원 이미지들을 겹쳐서 3차원 이미지를 생성하는 방식의 저온 전자 현미경은 이후 원자 단위에서 분자를 촬영하는 고해상도 기술까지 더해져[16] 생화학과 약학의 발전에 중요한 역할을 했다.

100만분의 1밀리미터의 세계를 구현할 수 있을까?

과학계에 현미경을 향한 신뢰가 자리 잡은 시기는 19세기[17]입니다. 광학 현미경은 빛을, 전자 현미경은 전자를 물체에 쏴서 관찰

냉동 기술을 이용하여 촬영한 사진을 3차원 사진으로 합성하는 방법

합니다. 전자 현미경은 해상도가 높지만 시료를 전자에 비추거나 진공 상태에 두어야 했기에 살아 있는 세포를 망가뜨리지 않고 유지하는 문제를 해결해야 했습니다.

1980년대에 저온 전자 현미경을 개발해 이 문제를 극복한 과학자들이 바로 자크 뒤보셰, 요아힘 프랑크, 리처드 헨더슨입니다. 이들은 분자를 냉동해서 촬영한 2차원 이미지를 조합함으로써 용액 속의 생체 분자를 고해상도 3차원 이미지로 바꾸는 데 성공했습니다.

최신 기술의 집합체, 저온 전자 현미경

1980년대 초[18] 뒤보셰가 시료를 냉동시키는 방법을 개발했습니다. 시료를 그물에 놓고 90도 회전한 상태에서 남은 액체를 시트로 흡수하고, 영하 89도 이하의 액화 에테인을 넣어 급속 동결합니다. 그러면 네모난 그물 구멍에는 단백질이 여러 각도로 놓여 있겠지요. 이 단백질 분자를 전자 현미경으로 찍은 2차원 사진을 모두 모아서 조합하면 입체적인 단백질 사진을 원자 단위로 얻을 수 있습니다.

입체 사진을 찍는 기술은 프랑크가 1975년[19]부터 10년에 걸쳐 개발했고, 단백질의 입체 사진을 고해상도로 찍는 기술은 헨더슨이 1990년[20]에 개발했습니다.

분자 구조를 관찰하는 도구

1990년까지 분자의 구조를 조사하는 주요한 방법은 DNA의 이중 나선 구조를 해석할 때도 쓰였던 X선 결정 구조 해석과 핵자기공명법Nuclear magnetic resonance, NMR 두 가지였습니다. 저온 전자 현미경은 이를 잇는 차세대 분석 기기가 되었지요.[21]

다양한 관찰 기술			
	X선 결정 구조 해석	핵자기공명법	저온 전자 현미경
개발 연도	1912~1913년	1937년	1980년대
빔 종류	X선	고주파수 전자파	전자선
주요 관찰 대상	결정	기관, 분자	용액 속 생체 분자 등

X선 결정 구조 해석, 핵자기공명법, 저온 전자 현미경의 비교

🔆 더 알고 싶어요!

현미경의 발전을 예측한 에른스트 아베

현미경은 광학 현미경, 전자 현미경 외에도 전기장 이온 현미경, 주사 터널링 현미경 등이 있으며 각각 원리가 다릅니다.

19세기 말에 과학자 에른스트 아베Ernst Abbe(1840~1905)는 "앞으로도 미세한 물체를 관찰할 수 있는 장치가 탄생하겠지만 '현미경'이라는 이름 외에는 공통점이 거의 없을 것이다"[22]라고 예측했습니다. 그리고 실제로도 그렇게 되어가는 듯합니다.

저온 전자 현미경이 앞당긴 연구들

저온 전자 현미경 덕분에 지금까지는 구조를 확인할 수 없었던 분자나 몸 안에서 움직이는 자그마한 원자·분자 단위의 기계에 관한 연구에도 속도가 붙었습니다. 약학과 생화학의 발전에 중요한 역할을 한 장치랍니다.

정리

뒤보셰, 프랑크, 헨더슨은 생체 내 분자를 망가뜨리지 않고도 원자 단위에서 관찰하고 인체 구조를 보여주는 저온 전자 현미경을 개발했다. 저온 전자 현미경은 차세대 구조 결정 기술로서 약학과 생화학에 크게 이바지했다.

리튬 이온 전지 발명

친환경 전지로 세상을 바꾼다!
가볍고 여러 번 충전할 수 있는 전지?

 | 수상자

존 B. 구디너프
John Bannister Goodenough
1922~2023
미국

스탠리 휘팅엄
Michael Stanley Whittingham
1941~
미국 · 영국

요시노 아키라
吉野彰
1948~
일본

 | 연구 및 개요

리튬 이온 전지 발명 | 2019 | 응용 |

가볍고 여러 번 충전할 수 있는 리튬 이온 전지를 개발했다. 전지 안에서 양전하를
띤 리튬 이온이 움직이면 음전하를 띤 전자가 따라서 움직인다. 리튬 이온 전지는
전기차 엔진에도 들어가면서 석유 연료에 의존하지 않는 사회를 만드는 데 이바지
한 기술로 평가받는다.

전지 개발 역사의 혁명

역사상 전지가 등장한 시기는 19세기 말입니다. 1868년, 프랑스
의 전기공학자 조르주 르클랑셰Georges Leclanché(1839~1882)가

 3

노벨화학상

기존 전지 이온으로 변하기 쉬운 금속이 전자를 방출하면서 이온이 된다

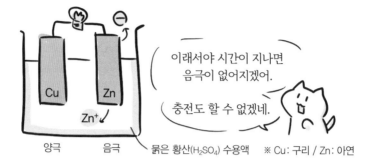

이래서야 시간이 지나면
음극이 없어지겠어.

충전도 할 수 없겠네.

양극   음극   묽은 황산(H₂SO₄) 수용액   ※ Cu: 구리 / Zn: 아연

리튬 이온 전지 이온이 양극과 음극 사이를 왔다 갔다 한다!

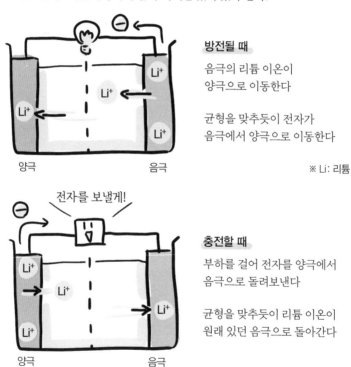

방전될 때

음극의 리튬 이온이
양극으로 이동한다

균형을 맞추듯이 전자가
음극에서 양극으로 이동한다

※ Li: 리튬

전자를 보낼게!

충전할 때

부하를 걸어 전자를 양극에서
음극으로 돌려보낸다

균형을 맞추듯이 리튬 이온이
원래 있던 음극으로 돌아간다

여러 번 충전할 수 있는 리튬 이온 전지의 발명[23·24]

최초의 전지를 발명했습니다. 그리고 1888년에는 독일, 덴마크, 일본에서 전지가 개발되었지요. 그로부터 100년이 넘는 시간 동안 전지는 충전할 수 없거나 충전할 수 있더라도 무겁고 쉽게 열화되는 물건에 불과했습니다.[25]

존 B. 구디너프, 스탠리 휘팅엄, 요시노 아키라 세 사람은 가볍고 여러 번 충전할 수 있는 리튬 이온 전지를 발명했습니다. 기존 전지처럼 전극의 금속이 분해되지 않으면서 리튬 이온(Li^+)이 양전극을 왔다 갔다 하는 방식이기에 오래가는 전지였지요.

석유에 의존하지 않는 에너지 기술

1970년대에 전 세계적으로 석유 파동이 일어나 원유 가격이 폭등했습니다. 석유는 화력 발전과 자동차 엔진에 꼭 필요한 자원이지요. 휘팅엄은 석유에 의존하지 않는 에너지 기술을 개발하기 위해 연구에 전념했습니다.

리튬 이온의 실용화

전지는 전자를 만들어내는 음극과 전자를 받는 양극으로 이루어져 있습니다. 휘팅엄은 양극에 이황화타이타늄(TiS_2)을, 음극에 리튬을 이용하여 전압 2볼트짜리 전지를 만드는 데 성공했습니다. 이황화타이타늄에 리튬 이온을 받아들이는 틈이 있다는 점을 응용하여 리튬 이온이 양극으로 이동했다가 다시 음극으로 돌아오는 원리의 전지를 만든 것입니다.

구디너프는 더 높은 전압을 일으키기 위해 양극에 금속 산화물(산소와 결합한 금속 화합물 — 옮긴이 주)을 사용하자고 제안했습니다. 그리고 1980년, 양극에 리튬 코발트 산화물($LiCoO_2$)를 이용하여 4볼트라는 높은 전압을 만드는 데 성공했습니다. 방전할 때는 음극에서 양극으로, 충전할 때는 반대 방향으로 리튬 이온이 이동하는 원리였습니다. 그리고 마침내 구디너프와 요시노는 리튬 이온 전지를 완성했습니다. 이 리튬 이온 전지는 1991년에 실용화되어 시장에 나왔습니다.[26]

친환경 전지의 탄생

리튬 이온 전지는 크기가 작으면서도 성능이 좋아야 하는 기계에 들어갑니다. 전기차 엔진과 휴대전화 배터리 등에 쓰였고, 차세대 소재는 물론 미래를 상징하는 물건이 되었습니다.

노벨상을 받을 당시에는 화석 연료에 의존하지 않는 사회를 실현하는 데 이바지했다는 점도 평가받았습니다. 혁신적인 사회가 되려면 과학 기술이 발전해야 하는 법이지요.

다양한 제품에 들어가는 리튬 이온 전지[27]

정리

구디너프, 휘팅엄, 요시노는 리튬 이온이 이동하는 원리를 응용하여 여러 번 충전
할 수 있고 가벼우면서 출력이 높은 리튬 이온 전지를 발명했다. 리튬 이온 전지
는 우리 주변의 다양한 제품에 쓰이고 있다.

DNA를 간단하고 정확하게 자르는 가위?

🏆 | 수상자

에마뉘엘 샤르팡티에
Emmanuelle Charpentier
1968~
프랑스

제니퍼 다우드나
Jennifer Anne Doudna
1964~
미국

✏️ | 연구 및 개요

유전체 편집 기술 개발
| 2020 | 기초 |

생물의 유전 정보를 편집하는 도구인 CRISPR/Cas9을 개발했다. 단시간에 간편하게 DNA 일부분을 지정해서 결합을 자를 수 있다. 이로써 생물의 몸 안에서 일어나는 현상을 규명하고 유전자 치료의 길을 열었다.

DNA를 가위로 자를 수 있다고?

우리 몸에는 DNA라는 유전 정보를 전하는 물질이 들어 있어요. DNA에 포함된 모든 정보를 유전체Genome, 유전체에 포함된 한 묶음의 정보를 유전자Gene라고 합니다. 세포에서는 유전자를 바탕으로 단백질을 만듭니다. 유전체 편집은 몸 안의 단백질 또는 몸의 여러 정보를 바꿀 수 있는 기술입니다.

에마뉘엘 샤르팡티에와 제니퍼 다우드나는 DNA를 편집하

유전체란?

생물의 유전을 담당하는 정보
DNA에 포함된 모든 정보를 유전체라고 한다

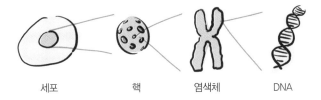

세포　　　　핵　　　　염색체　　　　DNA

유전체 편집 도구 CRISPR/Cas9

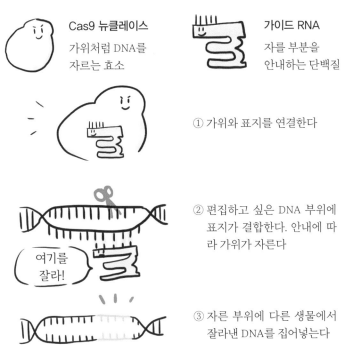

Cas9 뉴클레이스
가위처럼 DNA를
자르는 효소

가이드 RNA
자를 부분을
안내하는 단백질

① 가위와 표지를 연결한다

② 편집하고 싶은 DNA 부위에
표지가 결합한다. 안내에 따
라 가위가 자른다

여기를
잘라!

③ 자른 부위에 다른 생물에서
잘라낸 DNA를 집어넣는다

→ 유전체가 치환되어 새 기능을 가진 세포가 만들어진다

Cas9 뉴클레이스가 가이드 RNA를 따라 DNA 결합을 자르는 과정[28]

는 도구인 CRISPR/Cas9(크리스퍼 캐스 나인)을 개발했습니다. CRISPR/Cas9의 구성 요소 중 DNA의 가이드 RNA라는 단백질이 표지가 되어 DNA의 특정 서열에 결합하고, Cas9 뉴클레이스 Nuclease라는 핵산 분해 효소가 DNA를 가위처럼 자르는 것입니다.

세균의 면역 시스템에서 만들어진 유전자 가위

두 사람이 원래 주목했던 대상은 화농성 연쇄상구균이라는 세균이었습니다. 이 세균은 몸에 들어온 바이러스의 DNA를 잘라, 칸막이처럼 생긴 자신의 서열 사이사이에 존재하는 반복된 DNA 서열에 보존합니다. 이 반복된 서열을 CRISPR('Clustered regularly interspaced short palindromic repeats'의 줄임말로, 규칙적인 간격으로 놓인 짧은 회문 구조의 반복 서열이라는 뜻 — 옮긴이 주)라고 합니다.

화농성 연쇄상구균처럼 핵이 없는 생물을 원핵생물이라고 하는데, 원핵생물은 같은 바이러스가 다시 침입하면 보존했던 CRISPR를 바탕으로 CRISPR RNA라는 복제본을 만듭니다. CRISPR RNA는 분자를 자르는 가위인 Cas9 뉴클레이스와 결합해서 표적 DNA를 인식하는 가이드 RNA가 됩니다. 가이드 RNA는 침입한 바이러스의 DNA 서열 중 CRISPR와 똑같은 부분에 결합하고, Cas9 뉴클레이스로 그 부분을 자릅니다. 이것이 원핵생물의 면역 시스템이 바이러스를 물리치는 원리입니다.

유전자를 자르고 붙이는 기술

이 면역 시스템을 바탕으로, CRISPR 서열을 대신해서 자르고자 하는 유전체 서열을 인식하는 가이드 RNA를 만듭니다. 이처럼 바이러스의 DNA뿐만 아니라 사람의 DNA에서도 특정 서열만을 자를 수 있는 표지를 만들 수 있습니다.

유전자 치료의 새 시대를 열다

샤르팡티에와 다우드나의 성과 덕에 각 유전자의 작용을 연구하고 새 기능을 가진 세포를 만들 수 있게 되었습니다. 기존에 쓰던

CAR-T세포 치료
난치성 암을 치료하는 방법의 일종

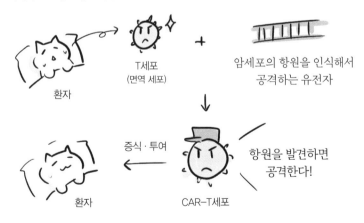

T세포
(면역 세포)

환자

암세포의 항원을 인식해서
공격하는 유전자

증식·투여

항원을 발견하면
공격한다!

환자

CAR-T세포

유전체 편집 기술을 질병 치료에 활용하는 사례[29]

방법보다도 간단하게 말이에요. 그리고 유전자를 이용한 새로운 치료법에 관한 연구 역시 한 발짝씩 나아가고 있습니다.

예컨대 난치성 암을 치료하는 CAR-T세포 치료Chimeric antigen receptor T cell therapy는 환자의 T세포 안에 있는 유전체를 편집합니다. 암세포를 공격하는 유전자를 유전체에 집어넣어서 암을 공격하도록 만든 T세포가 암세포를 죽이는 치료법이지요. 의료 현장에서 유전체 편집 기술을 활용한 좋은 사례입니다.

정리

> 샤르팡티에와 다우드나는 세균의 면역 시스템을 바탕으로 유전체를 편집하는 도구를 개발했다. 이들의 성과는 생물의 구조뿐만 아니라 유전자에 관한 치료법 연구에도 크게 이바지했다.

거울상 분자를 만드는 새로운 유형의 보조 분자?

🏆 | 수상자

베냐민 리스트
Benjamin List
1968~
독일

데이비드 W. C. 맥밀런
David William Cross MacMillan
1968~
미국

✏ | 연구 및 개요

비대칭 촉매 발견
| 2021 | 응용 |

생체 촉매, 금속 촉매에 이은 세 번째 촉매인 유기 촉매를 발견했다. 왼손과 오른손처럼 거울에 비춘 듯한 분자를 만드는 비대칭 합성을 통해 굉장히 단순한 구조의 유기 분자가 촉매로 작용한다는 사실을 증명했다. 우리 주변의 수많은 폐기물로 유기 촉매를 만들 수 있다.

세 번째 유형의 촉매

거울에 비친 것처럼 똑같이 생긴 분자를 광학 이성질체라고 합니다. 광학 이성질체는 쌍둥이처럼 똑같이 생겼지만 성질이 다릅니다. 가령 박하유에서 추출한 멘톨에는 광학 이성질체가 12종이나 있지만, 그중 상쾌한 향이 있는 분자는 2종뿐이지요. 이 2종의 분자만 따로 합성하는 방법을 비대칭 합성이라고 하며, 의약품을 만

촉매

자신은 변하지 않으면서 화학 반응 속도를 높이는 물질

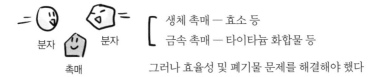

분자   분자

촉매

생체 촉매 ─ 효소 등

금속 촉매 ─ 타이타늄 화합물 등

그러나 효율성 및 폐기물 문제를 해결해야 했다

광학 이성질체

거울에 비친 것처럼 서로 대칭인 분자

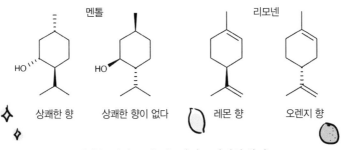

멘톨   리모넨

HO   HO

상쾌한 향   상쾌한 향이 없다   레몬 향   오렌지 향

원하는 분자를 만드는 방법 = 비대칭 합성

유기 분자도 비대칭 합성의 촉매로 쓸 수 있다!

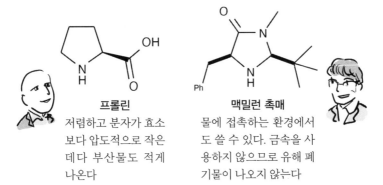

프롤린
저렴하고 분자가 효소
보다 압도적으로 작은
데다 부산물도 적게
나온다

맥밀런 촉매
물에 접촉하는 환경에서
도 쓸 수 있다. 금속을 사
용하지 않으므로 유해 폐
기물이 나오지 않는다

세 번째 촉매인 유기 촉매의 발견

들 때 활용합니다.

　원래 비대칭 합성을 할 때는 효소나 금속을 사용했습니다. 그러나 베냐민 리스트와 데이비드 W. C. 맥밀런은 각각 촉매로 작용하는 유기화합물, 즉 유기 촉매를 이용하여 비대칭 합성에 성공했습니다. 두 사람이 발견한 유기 촉매는 구조가 단순하면서도 분자량이 작고 기존의 촉매보다 저렴한 분자로, 해로운 폐기물을 만들지 않으면서 화학 반응의 속도를 높인다는 장점이 있습니다.

비대칭 합성의 과제

기존에 쓰이던 금속 촉매는 반응할 때 금속이 함유된 유해 폐기물이 나온다는 문제점이 있었습니다. 친환경적인 화학 반응을 개발해야 한다고 지적받았던 당시에 폐기물은 중요한 과제였습니다.

단순한 유기물에서 발견된 촉매

2000년[30] 리스트는 분자량이 큰 아미노산 중 구조가 단순한 프롤린이 비대칭 합성의 촉매로 작용한다는 사실을 발견했습니다. 효소는 수백 개의 원자로 이루어져 있지만, 프롤린은 겨우 16개의 원자로 이루어져 있을 정도로 굉장히 단순한 분자입니다. 그래서 촉매를 자주 사용하는 유기화학 연구실에서도 저렴한 가격에 쓸 수 있지요.

같은 시기에 맥밀런은 수분에 곧잘 부서지는 금속 촉매를 개량하는 연구에 전념하고 있었습니다. 그 결과 금속 원자를 포함하지 않으면서 겨우 31개의 원자로 이루어진 화합물이 촉매로 작용한다는 사실을 발견했습니다. 맥밀런은 이 유기화합물을 '유기 분자 촉매Organocatalyst'로 명명했습니다.[31]

유기 분자 촉매의 한 분야를 세우다

리스트와 맥밀런은 부산물이 많고 폐기물 처리가 곤란하다는 금속 촉매의 문제점까지 깔끔하게 해결했습니다. 유기 분자 촉매 분야를 이끈 선구자라고 할 수 있겠네요. 이들의 연구는 많은 연구자를 끌어모아 과학의 한 분야를 세웠습니다.

광학 이성질체끼리 성질이 서로 다를 때도 있습니다. 이를테면 두통약으로 쓰이는 이부프로펜 중에서 소염 진정 작용이 있는 분자는 S-이부프로펜뿐이고, R-이부프로펜에는 소염 진정 작용이 없습니다. S-이부프로펜처럼 필요한 광학 이성질체만을 만드는 방법이 비대칭 합성이므로, 비대칭 유기 촉매는 건강을 지키는 데에도 한몫하는 셈이지요.

S-이부프로펜   R-이부프로펜

소염 진정 작용 있음   소염 진정 작용 없음

양쪽 다 이부프로펜인데
약으로 쓸 수 있는 분자는 한쪽뿐이구나.

광학 이성질체인 의약품의 예

정리

리스트와 맥밀런은 단순하면서 저렴한 유기화합물이 비대칭 합성의 촉매로 쓰인
다는 사실을 발견했다. 두 사람은 비대칭 유기 촉매의 한 분야를 세웠을 뿐만 아
니라 의약품 합성 과정의 효율도 높였다.

수상을 알리는 전화, 그때 수상자는?

노벨상 수상을 알릴 때는 노벨 재단에서 수상자에게 전화를 겁니다. 전화를 받은 과학자들은 카페에서 논문을 쓰고 있었다든지, 집에 있었다든지, 비행기에 타기 직전이었다든지, 공동 수상자와 술을 마시고 있었다든지 등 제각각이지요.

2013년에는 힉스 입자를 관측한 업적으로 노벨상을 받게 된 피터 힉스Peter Higgs(1929~)가 전화를 받지 않는 바람에 재단 측이 난감해했다고 합니다. 힉스는 미디어를 피하고 싶어서 외출할 때 휴대전화를 들고 가지 않았다고 해요. 전 세계의 이목이 집중되는 상인만큼 마음 편히 지낼 수 있는 환경에 있고 싶었던 것 아닐까요.

노벨상 연구의 윤리적인 문제

노벨상을 창설한 알프레드 노벨은 화학자였습니다. 엄청나게 커다란 폭발을 일으키는 다이너마이트를 발명한 것으로 유명하지요. 다이너마이트의 원료인 나이트로글리세린은 쉽게 반응하는 위험 물질이지만 협심증 발작의 치료제이기도 합니다.

노벨상을 받을 만큼 위대한 업적에도 이와 같은 양면성이 있을 수 있는데, 연구의 윤리적인 문제를 두고 연구자들끼리 협의를 맺기도 합니다. 연구의 영향력이 큰 만큼 활용 방안 역시 중요합니다.

4장

역사를 바꾼
대발견

노벨상이 창설된 연도는 1901년입니다.

그렇다면 1901년 이전의 연구 중

오늘날까지 인류에게 큰 영향을 준 업적은

무엇이 있을까요?

만약 노벨상이 있었다면 상을 받았을지도 모르는

전 세계를 뒤바꾼 발명·발견을 알아볼까요.

사과와 지구가 서로 끌어당긴다고?

📖 | 연구자

아이작 뉴턴
Isaac Newton
1643~1727
영국

✏️ | 연구 및 개요

만유인력과 중력을 같은 개념으로 정리
| 1687 | 기초 |

만유인력의 법칙을 발견했다. 달이나 사과처럼 우주
의 행성과 지상의 물체 사이에 작용하는 힘을 같은
법칙으로 설명할 수 있게 되었다. 행성의 운동을 설
명할 때 기초가 되는 법칙이며 인공위성과 탐사선을
운용할 때도 필요하다.

왜 달은 떨어지지 않을까?

사과는 땅으로 떨어지는데 왜 달은 지구로 떨어지지 않을까요?
이 질문에 대한 답이 바로 아이작 뉴턴의 연구입니다.

1687년[1] 뉴턴은 질량이 있는 물체 사이에는 서로 끌어당기는
힘이 작용한다는 만유인력의 법칙을 발표했습니다. 만유인력의
법칙에 따르면 물체는 질량이 클수록, 거리가 가까울수록 강한 힘
으로 끌어당깁니다.

만유인력의 법칙

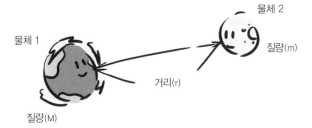

물체 1

물체 2

질량(m)

거리(r)

질량(M)

물체 1의 질량　　　물체 2의 질량

$$F = G \frac{Mm}{r^2}$$

만유인력의 크기　　　　　　　물체 1과 물체 2
사이의 거리

만유인력 상수

$(6.6743 \times 10^{-11} m^3 kg^{-1} s^{-2})$

달의 공전을 설명　　　　탐사선의 속도를 높일 때
활용(스윙바이)

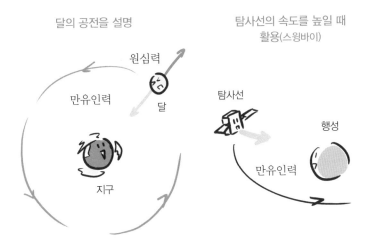

원심력

만유인력

달

탐사선

행성

만유인력

지구

만유인력

만유인력의 법칙과 활용 사례

사과가 땅으로 떨어지는 이유는 사과와 지구가 서로 끌어당기기 때문입니다. 반면 달이 지구로 떨어지지 않는 이유는 지구에서 작용하는 만유인력뿐만 아니라 원운동에 의한 원심력도 함께 작용해서 지구로 떨어질 수 없기 때문입니다.

만유인력의 법칙은 인공위성과 우주 탐사선을 운용할 때도 활용됩니다. 행성을 탐사할 때, 행성의 중력을 이용해서 탐사선의 속도를 높이는 스윙바이Swing-by라는 기술이 그 사례입니다.

증기기관 발명

산업혁명을 뒷받침한 과학의 힘!
증기의 힘으로 물체를 움직인다고?

📖 **| 연구자**

※ 얼굴이 알려지지 않음

토머스 뉴커먼
Thomas Newcomen
1663~1729
영국

제임스 와트
James Watt
1736~1819
영국

✏️ **| 연구 및 개요**

실용적인 증기기관 발명 및 개량
| 1712, 1769~1781 | 기술 |

세계 최초로 실용적인 증기기관을 만들었다. 석탄으로 물을 데우고 수증기를 만들어 동력을 얻는 원리다. 당시에는 광산에서 물을 퍼내기 위해 사용했지만, 공장에서도 사용할 수 있도록 개량되었다.

기술 혁신이 사회를 바꾸다

18세기 영국에서 산업혁명이 일어났습니다. 공장에서 물건을 대량으로 만들기 시작하면서 사회와 경제가 크게 달라졌습니다. 공장의 대량생산에 큰 역할을 한 요인은 바로 수증기의 힘으로 움직이는 엔진인 증기기관의 발명입니다.

1712년[2] 토머스 뉴커먼은 실용적인 증기기관을 세계 최초로 발명했습니다. 이 증기기관은 주로 탄광에서 물을 퍼내는 펌프의

1712년 뉴커먼 기관의 발명

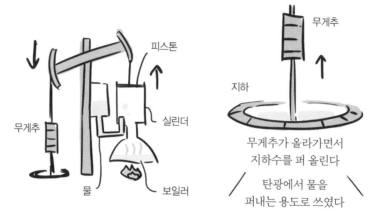

무게추가 올라가면서
지하수를 퍼 올린다

탄광에서 물을
퍼내는 용도로 쓰였다

1769~1781년 와트의 증기기관 발명

● 실린더를 물로 식혀 효율
향상(1769년)
● 회전 운동이 가능하도록
개량(1781년)

개발을 거듭하면서 증기기관차에도 도입되었다

증기기관차

증기선

실용화된 증기기관과 활용 사례

동력으로 쓰였고, 이후 제임스 와트가 뉴커먼의 기관을 개량했습니다. 증기기관은 공장 생산에도 도입될 만큼 움직임과 안정성이 좋아서 산업혁명의 중심 산업이었던 섬유 산업의 동력이 되었습니다.

19세기에는 증기기관차가 달리기 시작하면서 시각표가 만들어졌고 그 덕분에 당시 지역마다 제멋대로였던 시각이 표준시로 통일되었습니다. 실용적인 증기기관의 등장으로 사람들의 생활은 완전히 바뀌었지요.[3]

보이지 않는 기체를 발견한 과학 기술! 공기와 다른 무언가가 있다고?

📖 | 연구자

조지프 블랙
Joseph Black
1728~1799
영국

✏️ | 연구 및 개요

기체 발견 | 1756 | 기초 |

역사상 최초로 공기와 구별되는 기체를 발견했다. 이 발견을 시작으로 18세기부터 새로운 기체가 연이어 발견되었다.

눈에 보이지 않는 존재, 공기를 연구하다

당연한 말이지만 우리는 공기에 둘러싸여 살고 있습니다. 공기는 거의 눈에 보이지 않습니다. 만약 공기에 대해 아무것도 몰랐다면 대기에 포함된 산소나 이산화탄소를 발견하기는 어려웠겠지요.

1756년, 공기와 화학적 성질이 다른 기체를 발견한 조지프 블랙은 이를 '고정 공기'라고 불렀습니다. 고정 공기는 현재 이산화탄소라는 이름으로 더 유명하지요.

왜 무게가 변할까?

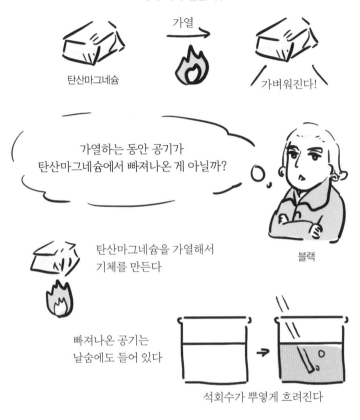

가열

탄산마그네슘

가벼워진다!

가열하는 동안 공기가
탄산마그네슘에서 빠져나온 게 아닐까?

블랙

탄산마그네슘을 가열해서
기체를 만든다

빠져나온 공기는
날숨에도 들어 있다

석회수가 뿌옇게 흐려진다

일반적인 공기가 아니다! → '고정 공기'라고 부르자

이후 18세기에 기체가 연이어 발견되었다

- 1766년 수소 발견(헨리 캐번디시)
- 1772년 질소 발견(대니얼 러더퍼드)
- 1774년 산소 발견(조지프 프리스틀리)

질량의 변화를 보고 기체를 발견한 블랙

이를 발견한 계기는 화학 반응 실험이었습니다. 블랙은 탄산마그네슘($MgCO_3$)을 가열했을 때, 무게와 성질이 변화하는 현상을 발견했습니다. 그는 어떤 기체가 들어왔다 나갔다 하는 것이 원인이라는 가설을 세우고, 그 기체가 공기와 다른 성질을 가졌다는 사실을 실험으로 확인했습니다.[4]

이산화탄소에 이어서 수소와 산소, 질소도 발견되었습니다. 새로운 기체가 연이어 발견되기 시작한 발단이 된 연구 성과라고 할 수 있겠네요.

우두에 걸린 사람은 천연두에 걸리지 않는다고?

📖 | 연구자

에드워드 제너
Edward Jenner
1749~1823
영국

✏ | 연구 및 개요

종두법 개발 | 1796 | 응용 |

우두라는 감염증에 걸린 사람은 천연두에 걸리지 않는다는 사실을 발견했다. 우두에서 얻은 물질에 예방 효과가 있으리라고 생각했고, 실제로 사람에게 접종함으로써 우두에 걸린 사람은 천연두에 걸리지 않는다는 것을 증명했다.

원조 백신, 천연두를 정복하다

감염증의 예방책으로 널리 쓰여온 백신은 약독화(면역을 유도하기 위해 살아 있는 병원체의 독성을 약하게 만들어 백신에 넣는 방식 — 옮긴이 주)한 바이러스를 접종해서 미리 면역을 형성하는 예방법입니다.

세계 최초로 '백신'이라는 용어가 등장한 시기는 천연두가 발생했던 18세기입니다. 천연두는 많은 사람의 목숨을 앗아간 감염증이었지요. 천연두와 비슷한 질병으로 우두라는 병이 있었습니다.

천연두란

- 천연두 바이러스가 원인인 감염증
- 사망률이 무려 30%
- 백신의 활약으로 1977년에 박멸

우두와 천연두의 관계

천연두 바이러스

우유를 짜는 사람

우두에 걸렸던 사람은
천연두에 걸리지 않는구나!

에드워드 제너

종두법 실험

접종

우두의 종기

아이

천연두에 걸리지 않았다!

1798년에 연구 성과를 발표했으며
백신 개발의 기초가 되었다

제너가 개발한 종두법

당시 소젖을 짜다가 우두에 걸린 사람은 천연두에 걸리지 않는다는 보고가 있었습니다. 이에 착안한 에드워드 제너는 1796년 우두에 걸렸던 사람의 종기에서 짠 고름을 여덟 살 아이에게 실제로 접종했습니다. 그랬더니 그 아이는 천연두에 걸리지 않았습니다.

종두법이라는 이 방법은 전 세계로 퍼졌습니다. 그리고 더욱 발전한 백신 덕에 천연두는 1980년[5]에 정복되었습니다.

어룡과 악어의 중간 단계인 공룡이 있었다고?

📖 | 연구자

메리 애닝
Mary Anning
1799~1847
영국

✏️ | 연구 및 개요

플레시오사우루스의 완전한 골격과 각종 화석의
발굴 및 분석 | 1823 | 기초 |

장경룡 플레시오사우루스의 완전한 골격을 세계 최
초로 발굴했다. 그 밖에도 중요한 화석을 수없이 발
굴·분석했다.

누가 화석 발굴의 일인자일까?

1821년에 학자들은 악어와 어룡의 중간에 걸친 생물이 있으리라
고 추측했고, 이 생물을 플레시오사우루스라고 불렀습니다. 그리
고 1823년, 메리 애닝이 영국 라임 레지스의 해안가에서 장경룡
플레시오사우루스의 완전한 골격을 세계 최초로 발굴했습니다.

당시 사람들은 현대에 가까워질수록 고생물이 진화한다고 생
각하지 않았습니다. 한 번도 발견된 적 없는 생물의 화석이 발굴

◦━ 세계 최초의 장경룡 화석이 발견되기까지 ━◦

1821년 학자들이 플레시오사우루스의 존재를 추측

어룡

악어

중간에 걸친 생김새의
생물이 있을 것이다.

'플레시오사우루스'라고 부르자.

논문

1823년 애닝이 플레시오사우루스의 완전한 골격을 발굴

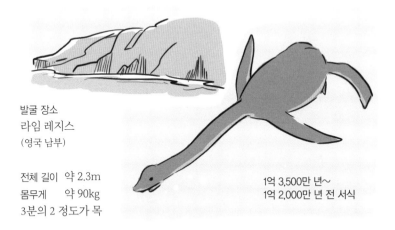

발굴 장소
라임 레지스
(영국 남부)

전체 길이 약 2.3m
몸무게   약 90kg
3분의 2 정도가 목

1억 3,500만 년~
1억 2,000만 년 전 서식

애닝은 그 밖에도 중요한 화석을 수없이 발견하여 고생물학에 이바지했다

플레시오사우루스 화석을 발견한 메리 애닝

되어도, 진화의 역사 도중 나타난 생물이 아니라 현존하는 생물과 마찬가지로 처음부터 존재했던 생물이 역사의 저편으로 사라졌으리라고 생각했기 때문입니다.

애닝은 화석을 발굴하여 지구상에 고생물이 존재했다는 증거를 쌓아 올렸습니다. 애닝의 발견은 후대에 진화론이 등장할 기틀을 마련했습니다.[6]

세포설 주장

모든 생물은 세포에서 만들어졌다고?

📖 **| 연구자**

마티아스 슐라이덴
Matthias Jakob
Schleiden
1804~1881
독일

암브로제 슈반
Ambrose Hubert
Theodor Schwann
1801~1882
독일

✏️ **| 연구 및 개요**

세포설을 동식물까지 확장
| 1838 | 기초 |

생물의 몸은 세포라는 단위로 이루어져 있다는 세포설을 주장했다. 동물이든 식물이든 모두 세포가 있으며, 생물이 세포 혹은 세포가 만든 물질로 이루어져 있음을 증명했다.

세포를 발견한 과학자들

1665년[7] 영국의 과학자 로버트 훅Robert Hooke(1635~1703)은 세포를 발견했습니다. 훅은 자신이 직접 만든 현미경으로 코르크를 관찰하다 코르크가 작은 방으로 나뉘어 있다는 사실을 알게 되었지요. 그리고 이 방의 이름을 '작은 방'을 뜻하는 그리스어 'cella'에서 따와 세포cell라고 지었습니다.

훅의 발견으로부터 200년 뒤, 마티아스 슐라이덴과 암브로제

1665년 세포 발견

로버트 훅이 코르크를
현미경으로 관찰했다

작은 방이 있어……!
세포cell라고 부르자.

코르크의 확대도

약 200년 뒤 세포설 등장

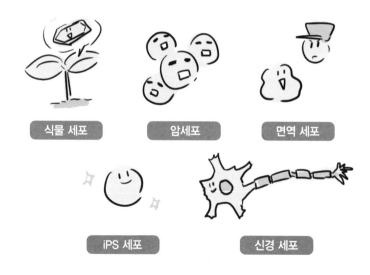

식물 세포

암세포

면역 세포

iPS 세포

신경 세포

세포는 생물의 몸을 연구할 때 가장 기초가 되는 요소

19세기 생물학의 가장 중요한 성과로 꼽히는 세포설

슈반은 모든 생물이 세포로 이루어져 있다는 세포설을 주장했습니다. 슐라이덴은 원래 변호사였다가 우여곡절 끝에 자연과학을 연구하는 과학자가 된 인물입니다. 현미경으로 식물을 관찰하고서 식물이 세포로 이루어져 있다고 주장했지요. 이듬해에는 생리학자인 슈반이 슐라이덴의 주장을 확대해 '모든 생물이 세포로 이루어져 있다'라고 세포설을 완성했습니다. 두 사람이 증명한 학설은 생물학과 의학처럼 생명을 다루는 과학의 기초가 되었고, 연구와 의료에 빠뜨릴 수 없는 이론이 되었습니다.

생물이 역사 속에서 점점 변했다고?

📖 | 연구자

찰스 다윈
Charles Robert Darwin
1809~1882
영국

✏️ | 연구 및 개요

자연선택설 주장 | 1859 | 기초 |
약간씩 다른 성질을 가진 개체가 태어났을 때 그중
환경에 적응한 개체가 살아남는다는 자연선택설(적
자생존설)을 주장했다.

환경에 적응한 개체가 살아남는다

찰스 다윈은 1831년부터 5년 동안[8] 영국의 측량선 비글호를 타고
전 세계를 항해했습니다. 항해 도중 남아메리카 대륙 서쪽에 있는
갈라파고스제도에 상륙해서 생물들을 관측하기도 했지요. 그러
면서 핀치라는 새의 부리나 코끼리거북의 등딱지 모양이 섬마다
다르다는 사실을 알아냈습니다.

　다윈은 갈라파고스제도에서 얻은 관찰 결과를 통해 같은 종이

비글호로 세계를 일주하다 갈라파고스제도에 상륙

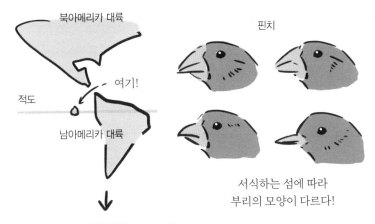

북아메리카 대륙

핀치

여기!

적도

남아메리카 대륙

서식하는 섬에 따라
부리의 모양이 다르다!

자연선택설(적자생존설)

같은 종에서 다양한 개체가 태어난다

환경에 적응하지 못하고
사라진다

환경에 적응한 개체는 살아남는다

이 과정을 몇 세대에 걸쳐 반복하면서
종이 진화한답니다.

생물의 다양성을 진화라는 개념으로 설명한 찰스 다윈

라도 조금씩 다른 특징을 가진 개체가 태어나며, 자연 속에서 환경에 적응한 개체만이 살아남아 종이 진화한다고 생각했습니다. 이 이론을 자연선택설이라고 합니다.

자연선택설은 1859년에 출판된 다윈의 저서 《종의 기원》에 실렸습니다. 하나님이 생물을 창조했다고 믿었던 1830년경 유럽 사람들의 세계관이 크게 흔들렸고, 이때부터 생물이 진화하는 원리를 과학적으로 밝히려는 시도가 이루어졌습니다.

이 식이 있으면 전자기의 기본을 알 수 있다고?

📖 | 연구자

제임스 맥스웰
James Clerk Maxwell
1831~1879
영국

✏️ | 연구 및 개요

전자기학의 기본 법칙 정립 | 1864 | 기초 |

전기와 자기의 기본적인 관계를 네 가지 방정식으로 나타냈다. 전기장과 자기장이 시간에 따라 어떻게 변화하는지, 어떻게 분포하는지 예측할 수 있다. 전자파의 존재를 예측할 때도 이 방정식이 쓰였다.

전자파를 수학으로 발견한 사람

전기와 자기에 관한 연구는 실험에서 시작되었습니다. 전류 주변에서 자석이 반응한다거나 코일에 자석을 가까이 대면 코일에 전류가 흐르는 현상들은 모두 실험을 통해 발견되었습니다.

제임스 맥스웰은 1864년[9]에 전기와 자기에 관한 법칙을 수학으로 나타내서 네 가지 방정식으로 정리했습니다. 그리고 전기장이 있으면 자기장이 생기고, 자기장이 생기면 전기장이 생기는 관

맥스웰 방정식

정형화된 전자파 법칙

가우스 법칙

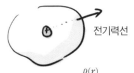

전기력선

$$\nabla \cdot E(r,t) = \frac{\rho(r)}{\varepsilon_0}$$

가우스 법칙(자기장)

$$\nabla \cdot B(r,t) = 0$$

앙페르 법칙

전류

자기장

$$\nabla \times B(r,t) = \mu_0 \left[i(r,t) + \varepsilon_0 \frac{\partial E(r,t)}{\partial t} \right]$$

패러데이의 전자기 유도 법칙

자기장

전류

$$\nabla \times E(r,t) + \frac{\partial B(r,t)}{\partial t} = 0$$

전자파

전기장과 자기장의 변화로 전달되는 파동

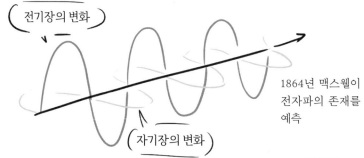

전기장의 변화

자기장의 변화

1864년 맥스웰이 전자파의 존재를 예측

→ 1888년 하인리히 헤르츠Heinrich Rudolf Hertz
(1857~1894)가 실제로 관측!

전자파는 전자레인지,
와이파이 등에 폭넓게 쓰인디

전자파 연구와 응용의 폭을 넓힌 맥스웰 방정식

계로부터 전기장과 자기장이 파동처럼 전달되리라고 맥스웰은 예측했습니다.

전자파로 불리는 이 파동은 우리의 생활 곳곳에서 볼 수 있습니다. 햇빛은 전자파의 일종이며, 통신기술로 정보를 전달하는 파동역시 전자파입니다. 전자레인지는 마이크로파라는 전자파로 음식을 데우지요. 전자파 연구와 응용의 폭을 넓힌 맥스웰의 연구 덕분입니다.

원소의 성질을 정리했을 뿐만 아니라 미지의 원소까지 예측한 규칙?

📖 | 연구자

드미트리 멘델레예프
Dmitrii Ivanovich Mendeleev
1834~1907
러시아

율리우스 마이어
Julius Lothar Meyer
1830~1895
독일

존 뉴랜즈
John Alexander Reina
Newlands
1837~1898
영국

✏️ | 연구 및 개요

주기율 확립 및 개량 | 1865~1871 | 기초 |

원소를 원자량 순으로 정리한 표를 통해 주기에 따라 원소의 성질이 변한다는 사실을 발견했으며, 표의 빈칸을 보고 미지의 원소가 있으리라고 예측했다. 이후 실제로 빈칸에 해당하는 원소가 발견되었다.

원소의 세계를 지배하는 규칙

원소를 원자량 순으로 나열하면 순서대로 성질이 변합니다. 원소를 몇 개씩 세트로 묶으면 다음 세트에서 주기가 반복되는데요.

19세기 초, 원소를 분류하는 연구가 활발해지다

1865년 뉴랜즈가 옥타브 법칙을 제안

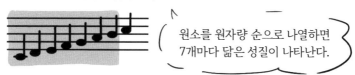

원소를 원자량 순으로 나열하면
7개마다 닮은 성질이 나타난다.

도레미파솔라시도 ← 7음이 1옥타브
다른 분류법도 제안되었지만 완벽한 해답은 나오지 않았다

1871년 멘델레예프가 개량된 주기율표를 발표

	주기							
	I	II	III	IV	V	VI	VII	VIII
1	H							
2	Li	Be	B	C	N	O	F	
3	Na	Mg	Al	Si	P	S	Cl	
4	K	Ca	—①	Ti	V	Cr	Mn	Fe, Co, Ni, Cu
5	Cu	Zn	—②	—③	As	Se	Br	

족

⋮

지금의 주기율표와 배열이 비슷하다

예측된 미지의 원소

① 에카붕소(Eb)　　　② 에카알루미늄(Ea)　　　③ 에카실리콘(Es)
↓　　　　　　　　　　　↓　　　　　　　　　　↓
스칸듐　　　　　　　　　갈륨　　　　　　　　　저마늄

→ 원자 구조를 밝히고 새 원소를 발견하게 되었다

화학 발전의 기초인 주기율의 확립

이를 원소의 주기율이라고 하며 수많은 과학자가 발견해온 법칙입니다.

1865년, 존 뉴랜즈는 원소 62개를 원자량 순으로 분류해 나열하면 7개마다 성질이 닮은 원소가 나온다는 사실을 발견했습니다. 1868년에는 율리우스 마이어가 원소를 분류하여 원소 표를 만들었고, 1871년에는 드미트리 멘델레예프가 지금의 형태에 가까운 주기율표를 만들었습니다. 주기율표에는 빈칸도 있었는데, 이에 해당하는 원소가 발견되어 갈륨(Ga), 저마늄(Ge), 스칸듐(Sc)이라는 이름이 붙었습니다.[10] 주기율표는 화학 발전에 가장 기초가 되는 표입니다.

수상자가 수상자를 키워낸다고?

노벨상 수상자를 다룬 책은 전 세계에서 많이 출판되었습니다. 그 중에서도 과학자의 계보를 정리한 책이 미국의 과학저술가 로버트 카니겔의 저서 《천재의 제자Apprentice to Genius》입니다.

일본에서는 《멘토링 체인》이라는 이름으로 번역되었는데, '멘토링 체인Mentoring chain'은 스승과 제자 사이의 인연이라는 뜻이지요. 노벨상 수상자 중에는 과거에 노벨상을 받은 과학자의 제자가 다시 노벨상을 받는 경우가 종종 있습니다. 중성미자를 관측한 고시바 마사토시와 2015년에 중성미자에 관한 연구로 노벨상을 받은 가지타 다카아키梶田隆章(1959~)가 사제 관계로 유명합니다.

| | | | | | | | |

유머가 한가득! 이그노벨상

1991년, 노벨상이 발표되기 약 1개월 전에 이그노벨상이라는 상이 창설되었습니다. 노벨상의 패러디로 만들어진 상으로, 사람들에게 웃음을 주고 생각할 거리를 준 연구에 수여되지요.

노벨상과는 대조적으로 수상 분야가 그때그때 추가되고, 수상식에는 종이비행기가 날아다니며, 10조 짐바브웨 달러를 상금으로 받지요. 얼핏 봐선 엄청나게 큰 금액 같지만 원화로는 겨우 4,000원밖에 되지 않는답니다. 2021년에는 수상식이 온라인으로 개최되었고, 트로피도 실물이 아니라 트로피 종이 모형의 설계도를 PDF 파일로 수여했습니다. 상이란 무엇인지, 연구란 무엇인지에 대해 유머러스하게 질문을 던지는 상이 아닐까 합니다.

5장

미래의 노벨상

과학자들은 지금도 계속

연구에 전념하고 있습니다.

이 장에서는 만약 실제로 증명하거나 발명한다면

노벨상을 받을지도 모르는 연구를 선정해

알기 쉽게 소개했습니다.

미래의 노벨상은

어떤 연구가 받게 될까요?

빛과 이산화탄소를 자원으로 바꾼다고?

✎ | 연구 및 개요

인공 광합성 재현 및 응용 | 응용 |
식물의 광합성을 재현해서 빛과 이산화탄소로 유용한 물질과 에너지를 만들어내
는 기술이 지구온난화와 에너지 부족 문제의 해결책으로 주목받고 있다.

식물이 아니어도 광합성을 할 수 있는 미래

식물은 물과 이산화탄소와 빛으로 당과 산소를 만듭니다. 이 과정
을 광합성이라고 하며, 광합성을 기술적으로 재현한 기술이 인공
광합성입니다. 이산화탄소 배출량이 증가하면서 발생한 지구온난
화를 억제하는 열쇠이자 훗날 일어날지도 모르는 세계적인 에너
지 부족 사태의 해결책으로 주목받고 있는 기술이지요.

인공 광합성은 광합성의 자세한 원리는 물론 빛으로 화합물을
만드는 방법, 전기 에너지를 만드는 방법 등을 주제로[1] 1970년대[2]
부터 진행된 연구 주제입니다.

만약 인공 광합성 기술이 실용화된다면 이산화탄소와 태양광
으로 당뿐만 아니라 사람에게 유용한 물질을 합성하거나, 태양광
으로 물을 분해하여 효율적으로 수소를 발생시킬 수 있으리라고

광합성이란

이산화탄소와 빛으로 유기물을 합성하는 과정

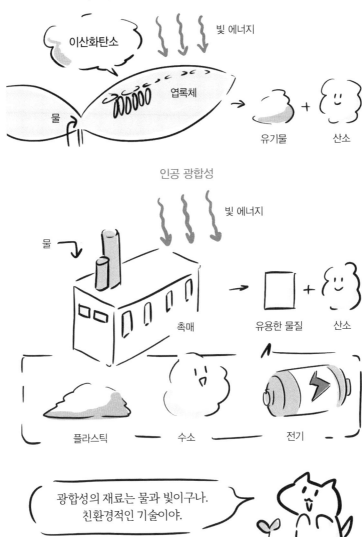

물, 빛, 이산화탄소를 에너지원으로 유용한 물질을 합성하는 기술

기대하고 있습니다.[3] 식물을 흉내 내는 기술이 미래의 인간 사회를 크게 바꿀 수 있을지도 모릅니다.

강과 호수가 없어진다면 인류는 어떻게 될까?

✏️ │ 연구 및 개요

간편한 담수화 기술 발명 │ 기술 │

세계적인 식수 부족 현상이 문제로 떠오른 가운데 거대한 장치와 높은 비용 없이
도 바닷물을 담수화하는 기술을 개발·실용화하는 제안이 주목받고 있다. 만약 실
현된다면 지구에 존재하는 물의 대부분을 차지하는 바닷물에서 사람이 먹을 수 있
는 담수를 간편하게 얻을 수 있을지도 모른다.

바닷물에서 식수를 만들다

사람의 몸은 약 60퍼센트가 물로 이루어져 있습니다. 우리가 살아
가는 데 식수는 빼놓을 수 없는 중요한 요소지요. 지구는 물의 행
성이며 표면의 70퍼센트를 바다가 에워싸고 있지만, 바닷물을 그
대로 마시면 몸의 염분 농도가 높아져 쓰러지고 맙니다. 우리에게
필요한 물은 염분이 없는 민물, 즉 담수입니다.

바닷물에서 담수를 만드는 방법에 관한 연구는 1950년대[4]부터
진행되어, 사막이 많은 중동 지역과 미국, 중국 등 각국에서 실용
화되었습니다. 바닷물을 가열하여 수분만을 증발시키는 방법, 삼
투막으로 염분을 여과하는 방법 등 다양한 방법이 있습니다.

하지만 거대한 장치를 만드는 비용이나 담수화에 들어가는 시

담수의 부족 현상

지구상의 물 중
담수가 차지하는 비율

2.5%

전 세계 인구 중 물 부족
인구가 차지하는 비율

40%

바닷물을 담수로 바꾸는 방법

가열한다

여과한다

고농도 염분

부산물이 생긴다

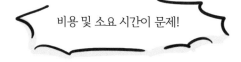

비용 및 소요 시간이 문제!

간편하고 빠르게 담수를 만들 수 있다면

흔들면 된다

약품만 넣으면 된다

빠르다

부산물을 처리할 수 있다면 전 세계의 물 부족 현상을
효과적으로 해결할 수 있을지도 모른다

바닷물을 식수로 바꾸는 기술

간이 문제였기에 간편한 방법이 필요했습니다. 빠르고 간편하게 바닷물을 담수화하는 기술이 개발된다면 미래에는 누구든지 바로바로 담수를 만들어 식수를 마실 수 있을지도 모릅니다.

우리은하는 어떻게 만들어졌을까?

✏️ | **연구 및 개요**

은하와 블랙홀 형성의 관계 규명 | 기초 |

은하는 우주의 먼지와 가스가 뭉쳐 만들어진다. 과학자들은 모든 은하의 중심에 블랙홀이 있으리라고 생각했지만, 은하가 먼저 생겼는지 블랙홀이 먼저 생겼는지 아직 알려진 바가 없다. 만약 밝혀진다면 은하 탄생의 역사를 밝히는 큰 걸음이 될 것이다.

은하의 중심에는 블랙홀이 있다

블랙홀은 막대한 질량의 천체입니다. 주위의 물체를 강한 중력으로 끌어당기는데, 그 힘이 얼마나 센지 빛마저 빨아들일 정도이지요.

2020년의 노벨 물리학상은 블랙홀 연구에 주어졌습니다.[5] 이론과 관찰을 통해 우리은하의 중심부에 있는 궁수자리 A*라는 별자리 근처에 블랙홀이 존재한다는 사실을 간접적으로 증명했기 때문이지요. 2022년에는 마침내 궁수자리 A* 근처의 블랙홀을 촬영했다는 보고가 들어왔습니다.[6]

지금도 과학자들이 연구하고 있지만, 은하의 형성 과정과 블랙홀이 어떤 관계인지는 아직 밝혀지지 않았습니다. 아주 무거운 블랙홀이 우선 만들어지고 나서 그 주변으로 먼지가 모여 은하가 만

블랙홀이란?

● 매우 무거운 천체
● 별이 죽을 때 일어나는 폭발(초신성 폭발)
로 만들어진다

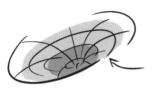

사건의 지평선

이 지점을 넘어가면
빛조차 빠져나올 수 없다

은하와 블랙홀

2020년 노벨 물리학상을 받은 연구로
우리은하 중심에 블랙홀이 있다는 사실을 증명

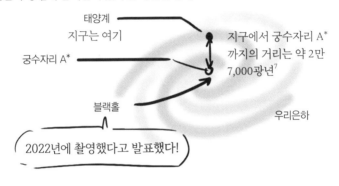

태양계
지구는 여기

궁수자리 A*

블랙홀

지구에서 궁수자리 A*
까지의 거리는 약 2만
7,000광년[7]

우리은하

2022년에 촬영했다고 발표했다!

은하의 중심에 존재하는 블랙홀은 어떻게 만들어졌을까?

은하가 먼저 만들어졌다   블랙홀이 먼저 만들어졌다

어느 쪽이 먼저인지는 아직 수수께끼다

아직 규명되지 않은 은하와 블랙홀의 역사

들어졌는지, 아니면 은하가 만들어지는 과정에서 물질이 응집되면서 블랙홀이 만들어졌는지 알 수 없지요. 진실이 밝혀지면 우리가 사는 은하가 만들어진 역사를 밝히는 큰 걸음이 될 것입니다.

사실 마취가 왜 듣는지 모른다고?

✏️ | 연구 및 개요

마취의 메커니즘 규명 | 응용 |

전신마취는 뇌와 척수 같은 중추신경을 마취시키는 기술이지만 어떻게 작용하는지에 관해 밝혀야 할 부분이 많다. 만약 메커니즘을 완전히 밝혀내면 더 안전하게 전신마취를 진행할 수 있을지도 모른다.

전신마취의 원리는 밝혀지지 않았다

수술할 때 아픔을 덜어주는 전신마취는 뇌와 척수 같은 중추신경에 작용해서 반응을 무디게 하고 의식과 통각을 없애며 근육을 이완시키는 효과가 있습니다. 하지만 어떻게 작용하는지 상세한 원리는 아직 완전히 밝혀지지 않았습니다.

중추신경은 뉴런의 집합체로, 뉴런끼리 신경전달물질을 주고받으면서 정보를 전달합니다. 지금까지의 연구를 통해 마취가 뉴런 표면의 수용체에 작용한다는 사실을 알아냈습니다. 연구자들이 특히 주목한 성분은 GABA(감마 아미노뷰티르산)라는 신경 물질입니다. GABA는 뉴런을 전달하는 전기 신호를 차단하므로 마취의 메커니즘을 밝히는 데 도움이 될 것으로 기대됩니다.[8·9]

마취의 효과

최면·진정

근육 이완

진통

불필요한
반사 작용 억제

마취의 원리

마취제

투여

중추신경

마비

뉴런 표면의 수용체에 작용하는 마취

신경전달물질

GABA

GABA
수용체

마취제

뉴런

GABA 수용체와 결합하
면 뉴런이 주고받는 전기
신호를 방해할 수 있다

뉴런

아직 밝혀지지 않은 마취의 메커니즘

전신마취를 했을 때 1,000명에 한 명 정도[10]의 확률로 희미하게 마취에서 깨어나는 일이 있습니다. 앞으로 마취의 원리가 밝혀지면 전신마취의 효과를 확실하게 파악해서 더 안전하게 마취할 수 있을지도 모릅니다.

우주의 4분의 1을 차지하는 미지의 존재

✎ | 연구 및 개요

암흑 물질을 구성하는 입자의 예상 및 관측 | 기초 |

암흑 물질은 우주의 약 25퍼센트를 차지하는 미지의 물질이다. 존재를 뒷받침하는 간접적인 증거는 여럿 있지만, 실제로 직접 관측할 수는 없다. 만약 암흑 물질의 정체가 밝혀진다면 우주의 구성에 관해 더 깊이 이해할 수 있을 것이다.

보이지 않아도 확실히 존재하는 물질

사실 우주를 이루는 물질의 95퍼센트는 미지의 물질인 것으로 추정됩니다. 그런 우주 전체의 약 4분의 1을 차지하고 있는 물질이 암흑 물질입니다.[11]

우리 인류가 물질을 관측하려면 물질이 방출하는 전자파를 포착해야 합니다. 하지만 전자파를 방출하는 물질만으로는 설명할 수 없는 현상도 있습니다. 가령 우리가 사는 우리은하는 초속 약 200킬로미터[12]로 회전하고 있습니다. 은하는 밝은 부분이 클수록 회전 속도가 빨라지는데, 어두운 부분도 거의 같은 속도로 회전하고 있습니다. 전자파를 방출하지 않고 질량이 무거운 어떤 물질, 즉 암흑 물질이 있기 때문이라고 생각하는 것이지요.

우주의 구성

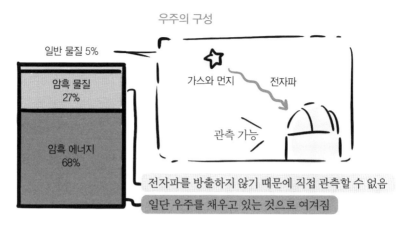

일반 물질 5%

암흑 물질 27%

암흑 에너지 68%

가스와 먼지 전자파

관측 가능

전자파를 방출하지 않기 때문에 직접 관측할 수 없음

일단 우주를 채우고 있는 것으로 여겨짐

은하와 암흑 물질

밝을수록 무겁고
회전 속도가 빠르다

빠름

느림

바깥 부분은 어둡다
→ 느릴 것이다

하지만 관측 결과에 따르면

속도가 거의 비슷하다

바깥 부분도 회전 속도가 거의 같다
→ 보이지 않는 무언가가 있다!

새로운 소립자, 초중성 입자

- 암흑 물질의 후보
- 질량은 있지만 양성자나 중성자와
  상호작용하지 않는다
- 아직 관측된 적은 없다

우주를 구성하는 암흑 물질과 암흑 에너지의 정체

학계에서는 초중성 입자Neutralino라는 새로운 소립자를 암흑 물질의 후보로 꼽았습니다.[13] 만약 정체가 밝혀진다면 은하가 어떻게 형성되었는지도 알 수 있지 않을까 기대됩니다.

전기를 손실 없이 사용하는 꿈의 기술?

✎ | 연구 및 개요

고온 초전도 현상의 원리 규명 | 응용 |

물질의 전기 저항이 0이 되어 자기장을 밀어내는 현상을 초전도 현상이라고 한다. 만약 이 현상의 원리를 밝혀 평상시 같은 온도와 압력에서도 실현할 수 있다면 전기를 훨씬 효율적으로 사용할 수 있을지도 모른다.

냉각하지 않고도 전기를 효율적으로 쓸 수 있다고?

전기 저항은 전기의 흐름을 방해하는 정도를 나타내는 물리량입니다. 전기 저항이 크면 전기가 흐를 때 잃어버리는 에너지도 크지요. 전기 저항이 0이 되면 전기를 막힘없이 쓸 수 있겠네요.

초전도 현상이 일어나면 물질의 전기 저항이 0이 됩니다. 오래 전 1911년에 4.15켈빈(섭씨 −269.15도)[14]에서 초전도 현상이 일어난다는 사실이 밝혀졌습니다. 만약 실온에서도 초전도 현상이 일어난다면 온도를 낮추지 않고도 전기 저항을 0으로 만들 수 있다는 의미겠지요.

오늘날 실온에 가까운 고온에서 초전도 현상을 일으키기 위한 연구가 진행되고 있으며, 2020년에는 대기압의 약 264만 배에 해

5
미래의 노벨상

초전도 현상이란

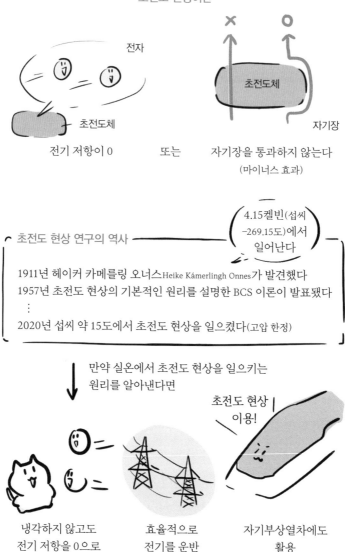

전자

초전도체

초전도체

전기 저항이 0 　　또는　　 자기장을 통과하지 않는다
(마이너스 효과)

자기장

4.15켈빈(섭씨
−269.15도)에서
일어난다

초전도 현상 연구의 역사

1911년 헤이커 카메를링 오너스Heike Kámerlingh Onnes가 발견했다
1957년 초전도 현상의 기본적인 원리를 설명한 BCS 이론이 발표됐다
⋮
2020년 섭씨 약 15도에서 초전도 현상을 일으켰다(고압 한정)

만약 실온에서 초전도 현상을 일으키는
원리를 알아낸다면

초전도 현상
이용!

냉각하지 않고도
전기 저항을 0으로

효율적으로
전기를 운반

자기부상열차에도
활용

초전도 현상이 일어나는 원리와 실용화 연구

당하는 267기가파스칼(GPa)을 걸면 287.7켈빈(섭씨 약 15도)에서 초전도 현상을 일으키는 물질이 발견되었습니다.[15] 하지만 왜 이런 현상이 일어나는지 원리는 밝혀지지 않았습니다. 만약 밝혀진다면 전기를 더 효율적으로 사용할 수 있을지도 모릅니다.

성별은 왜 나뉘었을까?

✎ | 연구 및 개요

유성 생식의 기원 규명 | 기초 |

생물의 번식 방법 중 수컷과 암컷이 만나 자손을 만드는 방법을 유성 생식이라고 한다. 수컷과 암컷의 유전자를 무작위로 결합하면 새로운 특징이 있는 개체가 탄생한다. 그러나 유성 생식을 하는 생물이 왜 존재하는지, 성별이 왜 존재하는지는 여전히 밝혀지지 않았다.

더 다양한 개체를 만들어내는 전략

생물의 번식 방법은 크게 두 가지로 나뉩니다. 하나는 유성 생식이고 다른 하나는 무성 생식입니다.

유성 생식을 하는 생물은 수컷과 암컷이라는 성별이 있고, 암수의 유전자가 섞인 개체가 태어납니다. 그리고 무성 생식은 단일 유전자를 가진 개체에서 똑같은 유전자를 가진 여러 개체가 태어나는 방식이지요.

유성 생식은 다양한 개체를 만들어내어 살아남는 개체를 늘릴 수 있다는 장점이 있습니다. 그러나 무성 생식을 하는 생물만큼 번식 속도가 빠르지는 않습니다.[16]

유성 생식

수컷과 암컷이 존재하며 유전자를 섞는다

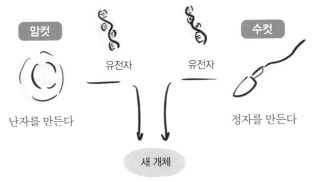

강점

다양한 개체를 만들어낸다

약점

개체 수를 빠르게 늘릴 수 없다

병원균이 빠르게 늘어나면 멸종
(대장균은 20분에 2배씩 증식한다)

다양한 개체를 확보하지 못하면 멸종

왜 성별이 존재하는지는
아직 모르는구나~

유성 생식의 강점과 약점

이런 단점에도 불구하고 유성 생식을 하는 이유는 무엇인지, 생물에 성별이 있는 이유는 무엇인지에 대해서는 밝혀진 바가 없습니다. 만약 그 이유가 밝혀진다면 인간을 포함한 생물을 한층 깊이 이해할 수 있겠지요.

인류가 엘리베이터를 타고 우주로 진출한다고?

✎ | 연구 및 개요

우주 엘리베이터의 실용화 | 기술 |

우주 엘리베이터는 지상에서 우주까지 케이블을 연결하여 사람과 물자를 옮기는 운송 수단이다. 재료와 운영을 비롯하여 실현하기까지 남은 과제가 많다. 만약 우주 엘리베이터가 실제로 가동된다면 저렴한 비용으로 우주를 여행할 수 있을지도 모른다.

우주 엘리베이터를 향한 꿈

멀게만 느껴지던 우주는 점점 우리에게 가까이 다가오고 있습니다. 1990년 일본 최초로 아키야마 도요히로 기자가 우주를 다녀왔고, 2021년에는 민간 우주여행이 실현되었습니다. 우주로 갈 때는 주로 로켓 또는 우주 왕복선을 이용합니다. 1960년대에는 우주 엘리베이터가 구상되었습니다. 총길이 수만 킬로미터[17]의 케이블을 따라 우주를 이동한다는 아이디어입니다.

우주 엘리베이터를 실제로 구현하려면 건설 및 운용 시 절대로 케이블이 끊어지지 않아야 합니다. 1991년에 개발된 탄소 나노 튜브가 강하고 가벼운 소재로 주목받았지만, 실제로는 훨씬 강도 높은 소재가 필요합니다.

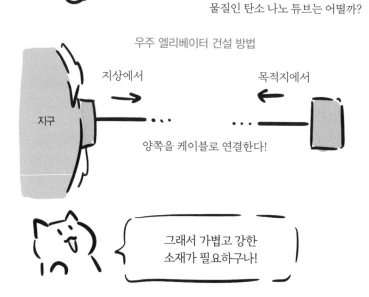

우주 엘리베이터

우주의
특정 장소

지구   케이블   사람 및
물자

케이블 소재

가볍고 강도가 높아야 한다

탄소로 만든 빈 원기둥 형태의
물질인 탄소 나노 튜브는 어떨까?

우주 엘리베이터 건설 방법

지상에서   목적지에서

지구

양쪽을 케이블로 연결한다!

그래서 가볍고 강한
소재가 필요하구나!

우주 엘리베이터의 실현 조건

만약 우주 엘리베이터가 실현된다면 지금까지의 어떤 운송 수단보다도 낮은 가격에 물자를 옮길 수 있다고 합니다. 엘리베이터를 타고 누구든 부담 없이 우주로 갈 수 있게 될지도 모르지요.

더 안전하게 병을 치료할 수 있다고?

✎ | 연구 및 개요

mRNA 치료제 개발 | 기술 |

mRNA 치료제는 인공적으로 합성한 mRNA를 사용한 약이다. 원래 유전자 치료에 쓰였던 DNA보다 발암성을 비롯해 위험성이 낮다. 만약 mRNA 치료제가 실용화된다면 유전자 치료를 더 안전하게 진행할 수 있을지도 모른다.

DNA 복제로 질병을 안전하게 치료하다

mRNA(메신저 RNA)는 DNA를 바탕으로 복제되는 유전 물질입니다. DNA가 가진 유전자 정보를 그대로 가지고 있으며, 세포 안에서는 mRNA의 정보를 바탕으로 단백질을 만들지요.

지금까지 유전자를 이용한 치료법은 주로 DNA를 사용해왔습니다. 하지만 DNA를 사용하는 방법을 쓰려면 DNA를 세포의 핵까지 전달해야 하며, 암이 생길 위험성도 해결해야 했습니다.

mRNA를 이용한 유전자 치료법이라면 DNA를 직·간접적으로 사용하지 않고도 세포 안에서 필요한 단백질을 만들 수 있습니다. 암이 생길 위험성도 낮아서 어떤 세포에도 활용할 수 있으며 다양한 단백질을 만들 수도 있습니다.

유전자를 이용한 질병 치료

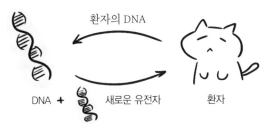

환자의 DNA

DNA + 새로운 유전자   환자

DNA를 이용한 유전자 치료법의 문제

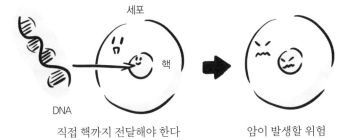

세포

핵

DNA

직접 핵까지 전달해야 한다   암이 발생할 위험

mRNA(메신저 RNA)

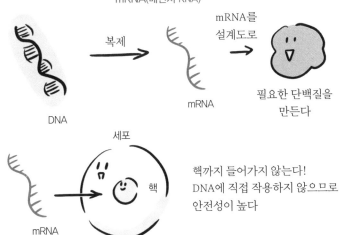

복제   mRNA를 설계도로

DNA   mRNA   필요한 단백질을 만든다

세포

핵

mRNA

핵까지 들어가지 않는다!
DNA에 직접 작용하지 않으므로
안전성이 높다

mRNA를 이용한 유전자 치료법

하지만 한편으로 mRNA는 생물의 몸속에서 파괴되기 쉽고, 이 물질로 판단한 면역계가 강한 면역 반응을 일으킬 가능성도 있습니다. 어떻게 목적지까지 전달해서 효과적으로 작용하도록 설계할지가 관건입니다.[18]

에필로그

이 책을 끝까지 읽어준 여러분에게 고맙다는 말을 전합니다. 여러분 덕분에 두 번째 책을 세상에 선보일 수 있었습니다.

노벨상이라고 하면 여러분은 머릿속에 어떤 이미지가 떠오르나요? 과학에 별로 관심이 없는 분이라면 언젠가 뉴스에서 본 대단한 상 정도로 생각할지도 모르겠네요. 과학을 좋아하는 분이라면 굉장한 행사로 기억하지 않을까요.

과학에 흥미를 느끼기 전의 제게 노벨상은 그렇게까지 굉장한 행사가 아니었습니다. 기껏해야 '그렇구나' 생각할 정도였지요. 하지만 고등학생 때 물리를 선택하고 대학에서 물리학을 배우면서 점점 공부한 내용과 연결되다 보니 흥미가 생기더군요.

노벨상 수상자가 발표되는 10월에는 매년 수상자를 예측하는 보도와 수상에 관한 보도가 자주 나옵니다. 자국민이 상을 받으면 신문에 대문짝만 하게 실리기도 합니다. 기쁜 일이지만, 한편으로는 인류에 크게 이바지한 사람에게 주는 상인 만큼 상을 받은 과학자가 어느 나라 출신이든 즐길 수 있으면 좋겠다는 생각이 들었습니다.

그래서 이 책에서는 전 세계의 저명한 과학자를 대상으로 노벨상을 받은 연구를 이해하기 쉽게 소개하고자 했습니다. 의외로 우리 주변에도 과학 연구의 성과가 있었구나, 노벨상은 재밌는 것이었구나 하고 조금이라도 느꼈다면 좋겠습니다.

아직 부족한 점이 많지만 이 책을 쓰는 데 도움을 주신 모든 분에게 감사드립니다. 쇼에이샤의 담당자님은 첫 번째 책에 이어서 미숙한 저를 수없이 격려해주었고, 더 좋은 문장이 되도록 이끌어주었습니다.

그리고 언제나 저를 응원해준 가족과 친구들에게도 고마움을 전합니다. 책을 쓰는 동안 지켜봐준 SNS 팔로워분들도 감사합니다. 무엇보다 이 책을 펼친 여러분에게 진심을 담아 감사 인사를 드립니다. 여러분이 과학이, 노벨상이 조금이라도 좋아졌다면 기쁠 따름입니다.

과학은 인류가 만들어낸 또 하나의 크고 아름다운 문화입니다. 과학과 여러분의 일상생활이 지금보다 더 멋진 관계를 맺길 바랍니다!

2022년 9월 가키모치

참고 문헌

제1장 노벨 생리학·의학상

1 『20世紀の顕微鏡』, 『科学史事典』, 日本科学史学会編, 丸善出版, p. 84

2 "Willem Einthoven-The Father of Electrocardiography", MARK E. SILVER MAN, M.D, Clin. Cardiol, 1902, 15, p. 786

3 "The Nobel Prize in Physiology or Medicine 1930 Award ceremony-speech" ノーベル賞ウェブサイト

https://www.nobelprize.org/prizes/medicine/1930/ceremony-speech/

4 『急性中耳炎』, MSDマニュアル家庭版

https://www.msdmanuals.com/ja-jp/%E3%83%9B%E3%83%BC%E3%83 %A0/19-%E8%80%B3%E3%80%81%E9%BC%BB%E3%80%81%E3%81%AE%E3 %81%A9%E3%81%AE%E7%97%85%E6%B0%97/%E4%B8%AD%E8%80%B3%E 3%81%AE%E7%97%85%E6%B0%97/%E6%80%A5%E6%80%A7%E4%B8%AD% E8%80%B3%E7%82%8E

5 『講座: 世の中を変えた反応・材料・理論 ペニシリンの発見から製品化までの道のり』梶 本哲也, 化学と教育, 2019, 67巻, 11号, p. 550-553

6 『グラム陽性細菌の概要』, MSDマニュアル家庭版

https://www.msdmanuals.com/ja-jp/%E3%83%9B%E3%83%BC%E3%83 %A0/16-%E6%84%9F%E6%9F%93%E7%97%87/%E7%B4%B0%E8%8F%8C%E 6%84%9F%E6%9F%93%E7%97%87%EF%BC%9A%E3%82%B0%E3%83%A9%E 3%83%A0%E9%99%BD%E6%80%A7%E7%B4%B0%E8%8F%8C/%E3%82%B0% E3%83%A9%E3%83%A0%E9%99%BD%E6%80%A7%E7%B4%B0%E8%8F%8C

%E3%81%AE%E6%A6%82%E8%A6%81

7 『分子生物学の時代』,『科学史事典』, 日本科学史学会編, 丸善出版, p. 202

8 『分子生物学の時代』,『科学史事典』, 日本科学史学会編, 丸善出版, p. 202

9 "The structure of sodium thymonucleate fibres. I. The influence of water content.", FRANKLIN, Rosalind E., GOSLING, Raymond, George Acta Crystallo graphica, 1953, 6.8-9, p. 673-677

http://scripts.iucr.org/cgi-bin/paper?S0365110X53001939

10 『利根川進博士のノーベル賞受賞に寄せて』, 小山次郎, ファルマシア, 1988, 24(2), p. 182-183

11 "Human assembly and gene annotation" Coding genes, Ensembl Project ウェブサイト

http://asia.ensembl.org/Homo_sapiens/Info/Annotation

12 "Susumu Tonegawa Facts", ノーベル賞ウェブサイト

https://www.nobelprize.org/prizes/medicine/1987/tonegawa/facts/

13 "Commonality despite exceptional diversity in the baseline human antibody repertoire.", Briney, B., Inderbitzin, A., Joyce, C. et al., Nature, 2019, 566, p. 393-397

https://doi.org/10.1038/s41586-019-0879-y

14 『特集 (においとフェロモンがつむぐ空間コミュニケーション) 嗅覚受容体がにおいを認識する分子機構』, 堅田明子, におい・かおり環境学会誌, 2005, 36巻 3号 p. 126-128

15 "Richard Axel Nobel Lecture Scents and Sensibility: A Molecular Logic of Olfactory Perception", ノーベル賞ウェブサイト

https://www.nobelprize.org/prizes/medicine/2004/axel/lecture/

16 『特集 (においとフェロモンがつむぐ空間コミュニケーション) 嗅覚受容体がにおいを認識する分子機構』, 堅田明子, におい・かおり環境学会誌, 2005, 36巻 3号 p. 126-128

17 "Richard Axel Nobel Lecture Scents and Sensibility: A Molecular Logic of Olfactory Perception", ノーベル賞ウェブサイト

https://www.nobelprize.org/prizes/medicine/2004/axel/lecture/

18 『匂い認識の分子基盤: 嗅覚受容体の薬理学的研究』, 日本薬理学雑誌 2004, 124.4, p.

209

19 『線虫 C. elegans の嗅覚を応用した早期がん検出法の開発』, 魚住隆行, 広津崇亮, 薬学雑誌, 2-19, Vol. 139, No. 5, p. 759-765

20 『「第108回日本耳鼻咽喉科学会総会シンポジウム」嗅覚研究・臨床の進歩—匂い感知における嗅粘液の重要性と脳への信号伝達—』, 東原和成, 日本耳鼻咽喉科学会会報, 2008, 111, p. 475-480

21 『再生医療』,『科学史事典』, 日本科学史学会編, 丸善出版, p. 413

22 『日本で開発された細胞: iPS細胞』, 舟越俊介, 山中伸弥, 吉田善紀, 循環器専門医, 2015, 23.2, p. 299-304

23 "The Nobel Prize in Physiology or Medicine 2012 Press release", ノーベル賞ウェブサイト

https://www.nobelprize.org/prizes/medicine/2012/press-release/

24 プレスリリース 第一症例目の移植実施について, 公益財団法人先端医療振興財団 独立行政法人理化学研究所, 2014年9月12日

https://www.riken.jp/pr/news/2014/20140912_1/

25 『肝炎の概要』, MSDマニュアル家庭版

https://www.msdmanuals.com/ja-jp/%E3%83%9B%E3%83%BC%E3%83%A0/04-%E8%82%9D%E8%87%93%E3%81%A8%E8%83%86%E5%9A%A2%E3%81%AE%E7%97%85%E6%B0%97/%E8%82%9D%E7%82%8E/%E8%82%9D%E7%82%8E%E3%81%AE%E6%A6%82%E8%A6%81

26 "Press release: The Nobel Prize in Physiology or Medicine 2020", ノーベル賞ウェブサイト

https://www.nobelprize.org/prizes/medicine/2020/press-release/

27 "Hepatitis C Key facts", World Health Organization

https://www.who.int/news-room/fact-sheets/detail/hepatitis-c

28 "Global hepatitis report, 2017 Overview", World Health Organization

https://www.who.int/publications/i/item/global-hepatitis-report-2017

1   "Wilhelm Conrad Röntgen Facts", ノーベル賞ウェブサイト

    https://www.nobelprize.org/prizes/physics/1901/rontgen/facts/

2   『核の誘惑 戦前日本の科学文化と「原子力ユートピア」の出現』, 中尾麻伊香, 勁草書房,

    p. 12

3   『核の誘惑 戦前日本の科学文化と「原子力ユートピア」の出現』, 中尾麻伊香, 勁草書房,

    p. 12

4   『ノーベル賞の事典』, 秋元格, 鈴木一郎, 川村亮, 東京堂出版, p. 284

5   『核の誘惑 戦前日本の科学文化と「原子力ユートピア」の出現』, 中尾麻伊香, 勁草書房,

    p. 12

6   『ノーベル賞受賞者たち（2）ベクレルとキュリー夫妻』, 西尾成子, 物理教育, 2002, 第

    50巻, 第6号

7   『核の誘惑 戦前日本の科学文化と「原子力ユートピア」の出現』, 中尾麻伊香, 勁草書房,

    p. 17

8   『核の誘惑 戦前日本の科学文化と「原子力ユートピア」の出現』, 中尾麻伊香, 勁草書房,

    p. 17

9   "Henri Becquerel Biographical", ノーベル賞ウェブサイト

    https://www.nobelprize.org/prizes/physics/1903/becquerel/biographical/

10 『核の誘惑 戦前日本の科学文化と「原子力ユートピア」の出現』, 中尾麻伊香, 勁草書房,

    p. 17

11 『放射能と原子核』,『科学史事典』, 日本科学史学会編, 丸善出版, p. 96

12 『アインシュタイン論文選 ―「奇跡の年」の5論文』, Stachel, John J., 筑摩書房

13 『光の粒子説と波動説（連載 科学誌）』, 鬼塚史朗, 物理教育, 1995, 43 4, p. 425-432

14 『光電効果』, 日本大百科全書(ニッポニカ)

    https://kotobank.jp/word/%E5%85%89%E9%9B%BB%E5%8A%B9%E6%9E%

    9C-62823

15 『アインシュタイン論文選 ―「奇跡の年」の5論文』, Stachel, John J., 筑摩書房

16 『量子論』,『科学史事典』, 日本科学史学会編, 丸善出版, p. 94-95

17 『量子論』,『科学史事典』, 日本科学史学会編, 丸善出版, p. 95

18 『シュレーディンガーの猫』, 知恵蔵
https://kotobank.jp/word/%E3%82%B7%E3%83%A5%E3%83%AC%E3%83%B
C%E3%83%87%E3%82%A3%E3%83%B3%E3%82%AC%E3%83%BC%E3%81%
AE%E7%8C%AB-185790

19 "Hideki Yukawa Nobel Lecture", ノーベル賞ウェブサイト
https://www.nobelprize.org/prizes/physics/1949/yukawa/lecture/

20 『消えた反物質: 素粒子物理が解く宇宙進化の謎』, 小林誠, 講談社, 1997, p. 62-63

21 『ノーベル賞の百年: 創造性の素顔: ノーベル賞110周年記念号』, ユニバーサル・アカデ
ミー・プレス, 2011, p. 77

22 "Pugwash Conferences on Science and World Affairs Facts", ノーベル賞ウェブ
サイト
https://www.nobelprize.org/prizes/peace/1995/pugwash/facts/

23 『今度こそわかるくりこみ理論』, 園田英徳, 講談社, 2014, p. 2-5

24 『今度こそわかるくりこみ理論』, 園田英徳, 講談社, 2014, p. 3

25 『今度こそわかるくりこみ理論』, 園田英徳, 講談社, 2014, p. 5

26 『今度こそわかるくりこみ理論』, 園田英徳, 講談社, 2014, p. 6

27 『くりこみ理論と現代の素粒子論(〈特集〉朝永振一郎博士の業績をふりかえって)』西
島和彦, 日本物理学会誌, 1980, 35.1, p. 72-74

28 『今度こそわかるくりこみ理論』, 園田英徳, 講談社, 2014, p. 10

29 『CMB Images Nine Year Microwave Sky』, WMAP site NASA/WMAP Science
Team, National Aeronautics and Space Administration
https://map.gsfc.nasa.gov/media/121238/index.html

30 『ビッグバン宇宙論』, 天文学辞典, 公益社団法人 日本天文学会
https://astro-dic.jp/big-bang-cosmology/

31 "Robert Woodrow Wilson Facts", ノーベル賞ウェブサイト
https://www.nobelprize.org/prizes/physics/1978/wilson/facts/

32 "Pyotr Kapitsa Facts", ノーベル賞ウェブサイト
https://www.nobelprize.org/prizes/physics/1978/kapitsa/facts/

33 "Press release: The Nobel Prize in Physics 2002", ノーベル賞ウェブサイト
https://www.nobelprize.org/prizes/physics/2002/press-release/

34 『2002年ノーベル物理学賞受賞者, 小柴昌俊先生とカミオカンデ』, 中畑雅行, 物理教育, 2002, 50.6, p. 365-369

35 "Press release: The Nobel Prize in Physics 2002", ノーベル賞ウェブサイト
https://www.nobelprize.org/prizes/physics/2002/press-release/

36 "Press release: The Nobel Prize in Physics 2002", ノーベル賞ウェブサイト
https://www.nobelprize.org/prizes/physics/2002/press-release/

37 "Press release: The Nobel Prize in Physics 2021", ノーベル賞ウェブサイト
https://www.nobelprize.org/prizes/physics/2021/press-release/

38 "The Nobel Prize in Physics 2021 Popular information", ノーベル賞ウェブサイト
https://www.nobelprize.org/prizes/physics/2021/popular-information/

39 『−北極温暖化増幅を提唱された真鍋淑郎先生のノーベル物理学賞受賞に寄せて−』, 山内恭, 北極環境統合情報WEB
https://www.nipr.ac.jp/arctic_info/columns/2021_nobel_prize/

제3장 노벨 화학상

1 "Speed read: Bringing Chemistry to Biology", ノーベル賞ウェブサイト
https://www.nobelprize.org/prizes/chemistry/1902/speedread/

2 "Speed read: Bringing Chemistry to Biology", ノーベル賞ウェブサイト
https://www.nobelprize.org/prizes/chemistry/1902/speedread/

3 『【化学者の肖像2】エミール・フィッシャー(1852-1919)』, 化学史学会ウェブサイト
https://kagakushi.org/archives/1596

4 『アンモニアの工業的製法』, 栗山常吉, 化学と教育, 2018, 66巻11号, p. 528

5 "Fritz Haber Nobel Lecture", ノーベル賞ウェブサイト
https://www.nobelprize.org/prizes/chemistry/1918/haber/lecture/

6 『化学史への招待』, 化学史学会編, オーム社, p. 202

7 『化学史への招待』, 化学史学会編, オーム社, p. 202

8 『化学史への招待』, 化学史学会編, オーム社, p. 203

9 『フラーレン その特性と, 合成・製造方法について』, 有川峯幸, 炭素, 2006, 2006巻, 224号, p. 299-307
   https://www.jstage.jst.go.jp/article/tanso1949/2006/224/2006_224_299/_article/-char/ja/

10 『96年化学賞受賞の炭素材料フラーレン、日本人が存在予言』, 日本経済新聞, 2010年10月10日 22:07
   https://www.nikkei.com/article/DGXNASGG0900C_Q0A011C1TJM000/

11 "The Nobel Prize in Chemistry 1996 Press release", ノーベル賞ウェブサイト
   https://www.nobelprize.org/prizes/chemistry/1996/press-release/

12 『生物発光とノーベル化学賞』, 寺西克倫, 化学と生物, 2009, 47.7, p. 459

13 "The Nobel Prize in Chemistry 2008 Popular information", ノーベル賞ウェブサイト
   https://www.nobelprize.org/uploads/2018/06/popular-chemistryprize2008-1.pdf

14 『ノーベル化学賞2人受賞 世界を変えたクロスカップリング反応』, 中島林彦筆, 山口茂弘協力, 日経サイエンス, 2010, 12月号, p. 11

15 "The Nobel Prize in Chemistry 2010 Popular information", ノーベル賞ウェブサイト
   https://www.nobelprize.org/uploads/2018/06/popular-chemistryprize2010-1.pdf

16 『原子レベルの分解能を達成したクライオ電子顕微鏡技術』, Ewen Callaway, Nature ダイジェスト, Vol. 17, No. 9
   https://www.natureasia.com/ja-jp/ndigest/v17/n9/%E5%8E%9F%E5%AD%90%E3%83%AC%E3%83%99%E3%83%AB%E3%81%AE%E5%88%86%E8%A7%A3%E8%83%BD%E3%82%92%E9%81%94%E6%88%90%E3%81%97%E3%81%9F%E3%82%AF%E3%83%A9%E3%82%A4%E3%82%AA%E9%9B%BB%E5%AD%90%E9%A1%95%E5%BE%AE%E9%8F%A1%E6%8A%80%E8%A1%93/104451

17 『20世紀の顕微鏡』,『科学史事典』, 日本科学史学会編, 丸善出版, p. 84

18 "Press release: The Nobel Prize in Chemistry 2017", ノーベル賞ウェブサイト
   https://www.nobelprize.org/prizes/chemistry/2017/press-release/

19 "Press release: The Nobel Prize in Chemistry 2017", ノーベル賞ウェブサイト
   https://www.nobelprize.org/prizes/chemistry/2017/press-release/

20 "Press release: The Nobel Prize in Chemistry 2017", ノーベル賞ウェブサイト
   https://www.nobelprize.org/prizes/chemistry/2017/press-release/

21 "Unravelling biological macromolecules with cryo-electron microscopy",
   Rafael Fernandez-Leiro, Sjors H. W. Scheres, Nature, 2016, 537, p. 339-346
   https://doi.org/10.1038/nature19948

22 『20世紀の顕微鏡』,『科学史事典』, 日本科学史学会編, 丸善出版, p. 84-85

23 "Press release: The Nobel Prize in Chemistry 2019", ノーベル賞ウェブサイト
   https://www.nobelprize.org/prizes/chemistry/2019/press-release/

24 『ノーベル賞って、なんでえらいの? 2020 リチウムイオン電池ってなに?』, NHK おう
   ちで学ぼう! for School
   https://www3.nhk.or.jp/news/special/nobelprize2020/lithium/

25 『電池の歴史と今後の可能性』, 稲田圏昭, 電気学会誌, 2003, 123.6, p. 358

26 "Press release: The Nobel Prize in Chemistry 2019", ノーベル賞ウェブサイト
   https://www.nobelprize.org/prizes/chemistry/2019/press-release/

27 『リチウムイオン二次電池の開発と最近の技術動向』, 吉野彰, et al., 日本化学会誌 (化
   学と工業化学), 2000, 2000.8, p. 523-534

28 "Press release: The Nobel Prize in Chemistry 2020 Popular-Information", ノ
   ーベル賞ウェブサイト
   https://www.nobelprize.org/prizes/chemistry/2020/popular-information/

29 『CAR-T細胞療法』, NOVARTIS ウェブサイト
   https://www.novartis.co.jp/innovation/car-t

30 "'Elegant' catalysts that tell left from right scoop chemistry Nobel", Davide
   Castelvecchi & Emma Stoye, Nature, 2021, 598, p. 247-248
   https://doi.org/10.1038/d41586-021-02704-2

31 "The Nobel Prize in Chemistry 2021 Popular information", ノーベル賞ウェブサイト

https://www.nobelprize.org/prizes/chemistry/2021/popular-information/

제4장 역사를 바꾼 대발견

1   "『力学の誕生と発展』,『科学史事典』, 日本科学史学会編, 丸善出版, p. 88

2   『蒸気機関と産業革命』,『科学史事典』, 日本科学史学会編, 丸善出版, p. 508

3   『蒸気機関と産業革命』,『科学史事典』, 日本科学史学会編, 丸善出版, p. 508

4   "The Bicentenary of Joseph Black", Nature, 1928, 122, p. 59-60

https://doi.org/10.1038/122059a0

5   『天然痘(痘そう)とは』, 国立感染症研究所ウェブサイト

https://www.niid.go.jp/niid/ja/kansennohanashi/445-smallpox-intro.html

6   『メアリー・アニングの冒険 恐竜学をひらいた女化石屋(Japan Edition)』, 吉川惣司, 矢島道子, 朝日新聞出版, Kindle版 No.104

7   『細胞』,『科学史事典』, 日本科学史学会編, 丸善出版, p. 180

8   『種の起源 (上)』, ダーウィン著, 渡辺政隆訳, 光文社, p. 3

9   『電磁気学』,『科学史事典』, 日本科学史学会編, 丸善出版, p. 91

10 『周期表 いまも進化中』, Eric R. Scerri 著, 渡辺正訳, 丸善出版, SCIENCE PALETTE, p. 65

제5장 미래의 노벨상

1   『人工光合成』, 今堀博, 学術の動向, 2011, 16.5, p. 5_26-5_29

2   『人工光合成の展望』, 井上晴夫, 表面科学, 2017, 38.6, p. 260-267

3   『人工光合成』, 今堀博, 学術の動向, 2011, 16.5, p. 5_26-5_29

4   『逆浸透法を用いた造水技術の最近の動向』, 熊野淳夫, 繊維学会誌, 1992, 48.2, p. 70-

76

5 "The Nobel Prize in Physics 2020", ノーベル賞ウェブサイト
https://www.nobelprize.org/prizes/physics/2020/summary/

6 『天の川銀河中心のブラックホールの撮影に初めて成功』, 国立天文台プレスリリース
https://www.nao.ac.jp/news/science/2022/20220512-eht.html

7 『天の川銀河中心のブラックホールの撮影に初めて成功』, 国立天文台プレスリリース
https://www.nao.ac.jp/news/science/2022/20220512-eht.html

8 "Studies on the mechanism of general anesthesia", PAVEL Mahmud Arif, et al., Proceedings of the National Academy of Sciences, 2020, 117.24, p. 13757-13766

9 『麻酔の科学 脳に働くメカニズム』, B.A.オーサー, 日経サイエンス, 2007, 10月号, p. 58-66

10 『麻酔の科学 脳に働くメカニズム』, B.A.オーサー, 日経サイエンス, 2007, 10月号, p. 58-66

11 『ダークマター』, 天文学辞典, 公益社団法人 日本天文学会
https://astro-dic.jp/dark-matter-2/

12 『回転曲線 (銀河の)』, 天文学辞典, 公益社団法人 日本天文学会
https://astro-dic.jp/rotation-curve/

13 『ニュートラリーノ』, 天文学辞典, 公益社団法人 日本天文学会
https://astro-dic.jp/neutralino/

14 『20世紀における超伝導の歴史と将来展望』, 田中昭二, 応用物理, 2000, 69.8, p. 940-948

15 『謎の三元系材料から現れた室温超伝導』, Davide Castelvecchi, Nature ダイジェスト, Vol. 18, No. 1
https://www.natureasia.com/ja-jp/ndigest/v18/n1/%E8%AC%8E%E3%81%AE%E4%B8%89%E5%85%83%E7%B3%BB%E6%9D%90%E6%96%99%E3%81%8B%E3%82%89%E7%8F%BE%E3%82%8C%E3%81%9F%E5%AE%A4%E6%B8%A9%E8%B6%85%E4%BC%9D%E5%B0%8E/106063

16 『性の起源を探る』, 星元紀, Biological Sciences in Space, 2006, Vol.20, No.1, p.

15-20

17 『宇宙エレベーターの物理学』, 佐藤実, オーム社, p. 2

18 『mRNA 医薬開発の世界的動向』, 位高啓史, 秋永士朗, 井上貴雄, 医薬品医療機器レギュラトリーサイエンス, 2019, 50.5, p. 242-249

찾아보기

한 권으로 읽는 과학 노벨상

초판 1쇄 발행 2023년 12월 15일
초판 2쇄 발행 2024년 10월 25일

글·그림 | 가키모치
옮긴이 | 정한뉘
펴낸곳 | (주)태학사
등록 | 제406-2020-000008호
주소 | 경기도 파주시 광인사길 217
전화 | 031-955-7580
전송 | 031-955-0910
전자우편 | thspub@daum.net
홈페이지 | www.thaehaksa.com

편집 | 조윤형 여미숙 김태훈
마케팅 | 김일신
경영지원 | 김영지

값 16,800원
ISBN 979-11-6810-239-2 43400

"주니어태학"은 (주)태학사의 청소년 전문 브랜드입니다.

편집 김순영 고여림
디자인 이유나